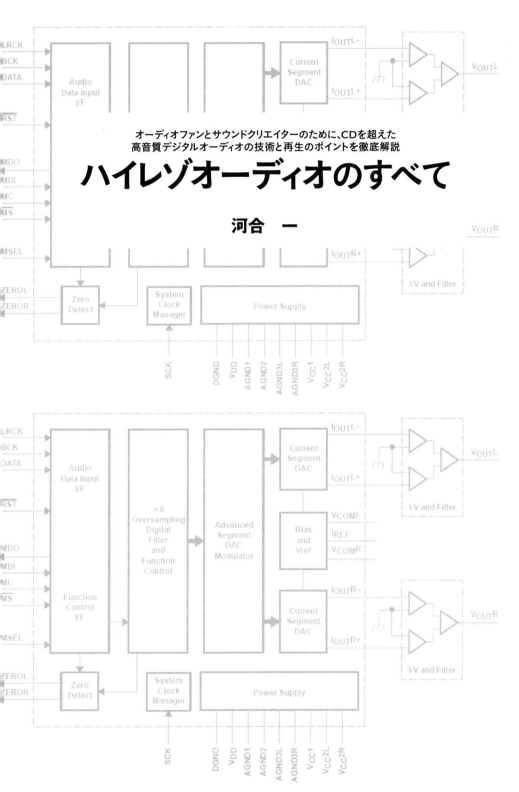

オーディオファンとサウンドクリエイターのために、CDを超えた
高音質デジタルオーディオの技術と再生のポイントを徹底解説

ハイレゾオーディオのすべて

河合 一

目　次

Introduction ⋯⋯⋯⋯⋯⋯⋯⋯⋯⋯⋯⋯⋯⋯⋯⋯⋯⋯⋯⋯⋯⋯⋯⋯⋯⋯⋯⋯⋯⋯⋯ 4

1. ハイレゾの前にデジタルオーディオの基本について ⋯⋯⋯ 6

1-1. デジタルオーディオの概要 ⋯⋯⋯⋯⋯⋯⋯⋯⋯⋯⋯⋯⋯⋯⋯⋯⋯⋯ 6
1-2. PCMデジタルオーディオ ⋯⋯⋯⋯⋯⋯⋯⋯⋯⋯⋯⋯⋯⋯⋯⋯⋯⋯ 9
1-3. A/D変換とD/A変換 ⋯⋯⋯⋯⋯⋯⋯⋯⋯⋯⋯⋯⋯⋯⋯⋯⋯⋯⋯ 12
1-4. 基準サンプリングレートと信号帯域幅 ⋯⋯⋯⋯⋯⋯⋯⋯⋯ 14
1-5. 量子化分解能とダイナミックレンジ特性 ⋯⋯⋯⋯⋯⋯⋯ 16
1-6. 主要オーディオ特性 ⋯⋯⋯⋯⋯⋯⋯⋯⋯⋯⋯⋯⋯⋯⋯⋯⋯⋯⋯ 18
1-7. オーディオ測定器 ⋯⋯⋯⋯⋯⋯⋯⋯⋯⋯⋯⋯⋯⋯⋯⋯⋯⋯⋯⋯ 31
APPENDIX-1 ⋯⋯⋯⋯⋯⋯⋯⋯⋯⋯⋯⋯⋯⋯⋯⋯⋯⋯⋯⋯⋯⋯⋯⋯⋯ 34

2. デジタルオーディオ・フォーマット ⋯⋯⋯⋯⋯⋯⋯⋯⋯⋯⋯ 36

2-1. CDDA ⋯⋯⋯⋯⋯⋯⋯⋯⋯⋯⋯⋯⋯⋯⋯⋯⋯⋯⋯⋯⋯⋯⋯⋯⋯⋯ 36
2-2. 高音質CD ⋯⋯⋯⋯⋯⋯⋯⋯⋯⋯⋯⋯⋯⋯⋯⋯⋯⋯⋯⋯⋯⋯⋯⋯ 38
2-3. DVD、Blu-ray ⋯⋯⋯⋯⋯⋯⋯⋯⋯⋯⋯⋯⋯⋯⋯⋯⋯⋯⋯⋯⋯ 43
2-4. デジタル放送 ⋯⋯⋯⋯⋯⋯⋯⋯⋯⋯⋯⋯⋯⋯⋯⋯⋯⋯⋯⋯⋯⋯ 48
2-5. 音楽ファイル ⋯⋯⋯⋯⋯⋯⋯⋯⋯⋯⋯⋯⋯⋯⋯⋯⋯⋯⋯⋯⋯⋯ 49
2-6. DSD (Direct Stream Digital) ⋯⋯⋯⋯⋯⋯⋯⋯⋯⋯⋯⋯ 51
2-7. ハイレゾ (Hi Resolution Audio) ⋯⋯⋯⋯⋯⋯⋯⋯⋯⋯⋯ 53

3. 音楽ソフトの制作 ⋯⋯⋯⋯⋯⋯⋯⋯⋯⋯⋯⋯⋯⋯⋯⋯⋯⋯⋯⋯⋯ 56

3-1. レコーディング/ミックスダウン ⋯⋯⋯⋯⋯⋯⋯⋯⋯⋯⋯⋯ 57
3-2. マスタリング ⋯⋯⋯⋯⋯⋯⋯⋯⋯⋯⋯⋯⋯⋯⋯⋯⋯⋯⋯⋯⋯⋯ 61
3-3. アナログとデジタル〜そのオーディオ特性について ⋯ 68
APPENDIX-2 ⋯⋯⋯⋯⋯⋯⋯⋯⋯⋯⋯⋯⋯⋯⋯⋯⋯⋯⋯⋯⋯⋯⋯⋯⋯ 75

4. ハイレゾのはじまり ⋯⋯⋯⋯⋯⋯⋯⋯⋯⋯⋯⋯⋯⋯⋯⋯⋯⋯⋯⋯ 78

4-1. ハイレゾの定義 ⋯⋯⋯⋯⋯⋯⋯⋯⋯⋯⋯⋯⋯⋯⋯⋯⋯⋯⋯⋯⋯ 78
4-2. ハイレゾの理論的優位点 ⋯⋯⋯⋯⋯⋯⋯⋯⋯⋯⋯⋯⋯⋯⋯⋯ 80
4-3. ハイレゾとしてのDSD ⋯⋯⋯⋯⋯⋯⋯⋯⋯⋯⋯⋯⋯⋯⋯⋯⋯ 89

4-4. ハイレゾは本当に音がいいか？ ……… 90
4-5. オーディオシステムとしての製品グレード ……… 93
APPENDIX-3 ……… 94

5. ハイレゾアルバム / ソフトの現状 ……… 98

5-1. ハイレゾ対応録音機器 ……… 98
5-2. ファイル形式とデータ容量 ……… 110
5-3. ハイレゾアルバム/ソフトの制作工程 ……… 113
5-4. 真のハイレゾアルバム/ソフトとは ……… 117
5-5. ハイレゾ配信サイト ……… 124
APPENDIX-4 ……… 132

6. ハイレゾの再生 ……… 134

6-1. ハイレゾ再生の基本方式 ……… 134
6-2. PC/USBオーディオ ……… 135
6-3. ネットワークオーディオ ……… 142
6-4. ハイレゾ管理/再生ソフト ……… 150
6-5. D/Dコンバーターによる簡易ハイレゾ再生 ……… 158

7. ハイレゾ対応オーディオ機器のスペック表示とその意味 ……… 162

7-1. USB DACのOS/USBに関するスペック ……… 162
7-2. ネットワークプレーヤーの対応ファイル形式に関するスペック ……… 163
7-3. ネットワークプレーヤーのネット環境に関するスペック ……… 164
7-4. オーディオ特性に関するスペック ……… 165
APPENDIX-5 ……… 178

8. ハイレゾを支える基幹デバイス ……… 180

8-1. A/DコンバーターIC ……… 180
8-2. D/AコンバーターIC ……… 191
8-3. その他のデジタルオーディオ用基幹デバイス ……… 207
APPENDIX-6 ……… 219

Conclusion ……… 221

索引 ……… 222

Introduction

　「ハイレゾオーディオ」は、ここ数年脚光を浴びている新しいデジタルオーディオの形式であり、その一番のキャッチフレーズは「CDを超える音質」と言われている。ハイレゾ関連業界、すなわち、ハイレゾ音楽ソフトの制作/配信企業、ハイレゾ対応オーディオ機器製造企業、オーディオ雑誌等を中心に大掛かりなプロモーションを実施することにより、一般ユーザーにも相応の認知度となってきているが、一部のオーディオフリークを除いてハイレゾが浸透しているとは思われない現状がある。

　音楽CDの正式名称はCDDA（Compact Disc Digital Audio）で、CDDAの音質についての疑義はいろいろ論議されており、より良い音を目指すという目的でDSD（Direct Stream Digital）方式を用いたSACD（Super Audio CD）、現在のハイレゾフォーマットと同じ差異高性能でPCM、24ビット、fs=192kHzの記録/再生が可能なDVD-Audio等が登場した。いろいろな理由があると思われるが、これらのフォーマットはオーディオユーザーへの浸透ということでは成功とは言えない現状がある。ハイレゾも同じ轍を踏まないかはもう少し様子を見るしかない。

　CDDAやDVD-Audioはディスク形式での音楽記録媒体であるが、ハイレゾは音楽ファイル形式のフォーマットであり、その入手にはネット環境が不可欠である。また、USBドライバーや音楽ソフトのインストール/設定という作業が必要であり、これはハイレゾ普及に対するマイナス要因のひとつとなっていることは間違いない。

　また、ハイレゾを導入したユーザーからの「確かに音質が良い」という声もあまり聞こえてこないのも気になるところである。ハイレゾフォーマットに関しての技術解説は一般ユーザーにとって「音質が良い」と思わせる魅力的なもので、どちらかと言えばイメージ先行的なもので、核心についての理論解説はなされていないケースも見かけられる。

　本書は、こうした観点から未知の領域であると思われるハイレゾオーディオに関する技術解説である。ハイレゾもデジタルオーディオの発展系であることから、デジタルオーディオの基本も含め、ハイレゾ技術の全体についての理論解説書でもある。

　ハイレゾオーディオはハードウェアセクション（オーディオ録音/再生機器）とソフトウェアセクション（アルバム録音/制作工程、音源ファイル等）に分類されるが、それぞれについて検証、理論的バックグラウンドを基にハイレゾの仕組みについて徹底解説する。例えば、ハイレゾ音源の制作工程におけるハードウェアと現行のハイレゾアルバムのマスタリングといった音楽ソフトの素性、実際のハイレゾ録音/再生機器とそのオーディオスペック等についても検証、解説する。特にハイレゾの利点であるオーディオ特性のダイナミックレンジ特性、周波数特性については徹底的に検証し、音質との相関関係についても明らかにしたい。

　本書を熟読すれば「ハイレゾ」の技術（理論）についてほぼ把握できるものと信じている。一般ユーザーには技術解説等でハードルの高い部分もあると思われるが、ハイレゾの理解を深めていただければ幸いである。

河合　一

Chapter 1

ハイレゾの前に
デジタルオーディオの基本について

> 1-1. デジタルオーディオの概要
> 1-2. PCMデジタルオーディオ
> 1-3. A/D変換とD/A変換
> 1-4. サンプリングレートと信号帯域
> 1-5. 量子化分解能とダイナミックレンジ
> 1-6. 主要オーディオ特性
> 1-7. オーディオ測定器

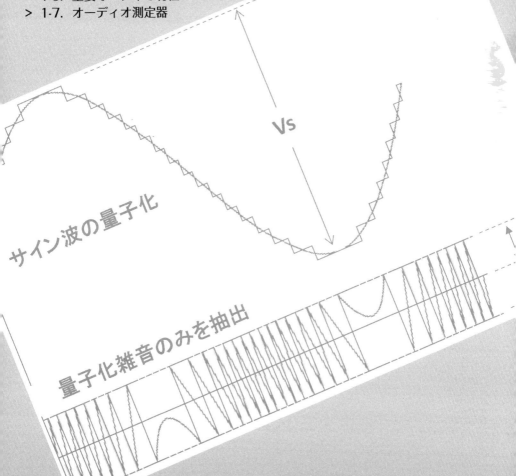

1 ハイレゾの前にデジタルオーディオの基本について

　ハイレゾフォーマットはデジタルオーディオの高性能版フォーマットであるが、ハイレゾを理解する上でデジタルオーディオの基本を理解する必要がある。本章では、デジタルオーディオの概要と基本について解説する。

1-1. デジタルオーディオの概要

　デジタルオーディオは、従来からのLPレコード再生を中心とするアナログオーディオに対比して用いられている用語である。音楽に限らず映像/音声等の多くのデータがデジタル化され応用されているデジタル信号処理技術の著しい進化といった技術的背景も存在する。デジタルオーディオであっても音の出入り口（マイクやスピーカー、ヘッドフォン）はアナログであり、音楽の記録方式がデジタルであるものを総称してデジタルオーディオとしている。音楽系デジタルオーディオを大別すると、オーディオ機器/ハードウェアが比較的安価であり、音楽ソフトも無料配信版を初めとして誰でも簡単に楽しめる分野と、10万円から100万円を超える比較的高額なオーディオ機器を用意して、オーディオCD、SACD（Super Audio CD）、DVD、ハイレゾ音源等を高品質（音質）再生する分野がある。前者はゼネラルオーディオ、後者はHiFi（ハイファイ）オーディオとして分類される。また、音楽ファイルの形式や利用環境での違いやチャンネル数による分類もあり、完全な定義はないが簡単に整理すると次のようになる。

- 使用者（使用目的）による大別
  プロ用：レコーディングスタジオ、放送局等での用途
  民生用：一般ユーザー用
- オーディオ機器ハードウェア性能/価格での大別
  比較的高価で高性能：ハイファイオーディオ
  比較的安価で低性能：ゼネラルオーディオ
- 音楽ファイル形式での大別
  非圧縮音楽ファイル：リニア
  圧縮系音楽ファイル：ノンリニア
- 利用環境（場所）での大別
  家庭（室内）での利用：ホームオーディオ
  室外での利用：ポータブルオーディオ/カーオーディオ

1　ハイレゾの前にデジタルオーディオの基本について

●チャンネル数による大別
　2チャンネル：ステレオ（STEREO）
　多チャンネル：マルチチャンネル（Dolby AC-3 5.1ch等に代表される多チャンネルフォーマットでホームシアター用途）

　本書で扱うのは、上記の大別からはハイレゾの対象となるHiFIオーディオとホームオーディオの分野となる。また、チャンネル数は基本的に2チャンネル・STEREOである。
　図1にHiFiオーディオ機器システム例とポータブルオーディオプレーヤーの例を示す。この例でのHiFiシステムはCD/SACDプレーヤー、プリアンプ、メインアンプ、3ウエイスピーカーで構成されている。

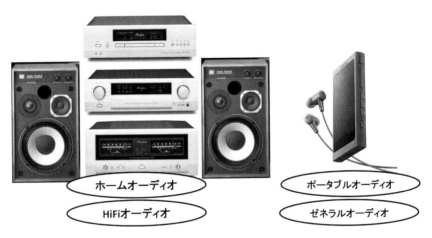

図1　HiFiオーディオシステムとポータブルオーディオ例

　HiFiオーディオユーザーは、実際のオーディオコンポの設置に関してリスニングルーム機能を優先するか、リビングルーム機能を優先するか、折衷案的なものにするか、これらの判断はユーザー個々に事情により異なる。図2にリビングルーム兼リスニングルームでのオーディオコンポ設置例を示す。
　何を隠そう本写真のルームは筆者宅であり、誠文堂新光社が刊行している総合オーディオ月刊雑誌『MJ無線と実験』2009年8月号に掲載されたものである。当時ハイレゾは存在しなかったが、ラック上段右側に見ることのできる機器はDVD-Audioプレーヤーで、現在のハイレゾに相当する高性能（高音質）フォーマットにも対応していた。撮影時点で、オーディオコンポはLPレコードプレーヤー（サンスイ）、DVD-Audioプレーヤー（デノン）、SACDプレーヤー（ソニー）、自作D/Aコンバーター、プリメインアンプ（サンスイ）、ス

7

図2　オーディオコンポ設置例-1

ピーカーシステム（タンノイ）で構成している。筆者自身はリビング兼リスニングルームとして同図のようにオーディオ機器を設置している。

　図3に本格的なリスニングルームとオーディオ機器の設置例を示す。同写真はオーディオ評論家であり、『MJ無線と実験』他で活躍中の角田郁雄氏宅である。これも『MJ無線と実験』2016年10月号に掲載されていたものを使わせていただいた。

図3　オーディオ機器設置例-2

ご覧のように、仕事としての必要性もあるが、こちらは本格的なリスニングルームとなっている。写真にはオーディオ機器全てが写っているわけでなく、写真左側の先にはネットワークプレーヤーやD/Aコンバーターが設置されている。プリアンプとパワーアンプはアキュフェーズ、スピーカーシステム（大きいほう）はB&Wである。

　本書読者について想定すると、既にある程度のオーディオ再生環境を有しているユーザーがハイレゾ機器の導入を検討しているケースと、既にハイレゾ機器を導入済みでハイレゾに対するより深い知識を必要としているケースの両者が多いと思われる。こうしたことから、本書においては、少なくともハイレゾを語るには、ある程度のHiFiオーディオ環境を有する読者を対象としたいと考えている。

1-2. PCMデジタルオーディオ

　PCMとはPulse Code Modulationの略で、デジタル信号の変調形式のひとつとして開発されたものがデジタルオーディオに利用されている。デジタルオーディオの普及に大きく寄与したオーディオCD（Compact Disc Digital Audio、以下CDDAと呼称）とCDプレーヤーが発売された1982年当時に、デジタルオーディオというワードよりも「PCM」、「PCM信号」というワード（表現）が各社で用いられたのが、そのまま業界の標準ワードとなって続いている。これにはデジタルオーディオ創世記における歴史的背景もある。CDDAが登場する以前の1977年にソニーが世界初のデジタルオーディオ機器と言える「PCMプロセッサー・PCM-1」を発売した。オーディオ信号をデジタル信号に変換して記録/再生できる世界初機器として非常に着目された（記録媒体はビデオテープ）。図4にPCM-1のカタログ画像を示す。

図4　PCM-1カタログ画像

このPCM-1のインパクトが大きかったのと、同社がデジタルオーディオ機器の開発リーダー的存在であったことから、デジタルオーディオ＝PCMオーディオという概念が業界での標準的な概念として定着した。
　CDDA以降はDAT（Digital Audio Tape）やMini Disc等の新たなデジタルオーディオ機器/フォーマットが登場した。Mini DiscはATRAC（Adaptive Transform Acoustic Cording）という圧縮方式を用いており、更にはMP3（MPEG-1 Audio Layer-3）に代表される圧縮系音楽ファイルが登場すると、圧縮/非圧縮の分類も必要になり、PCM信号も、リニアPCM（非圧縮）、ノンリニアPCM（圧縮）と圧縮の有無による方式の違いを表現するようになった。
　PCM信号を利用したPCMデジタルオーディオは今現在でもデジタルオーディオの主流であり、SACDで用いられているDSD（Direct Stream Digital）フォーマット以外のデジタルオーディオは全てPCMオーディオに分類される。現在の一般的なデジタルオーディオアプリケーションであるCDDA、DVD、Blu-ray/Disc等の音楽フォーマットは非圧縮のリニアPCM信号である。BSデジタル放送のオーディオ部はAAC（Advanced Audio Coding）という圧縮型のPCM信号である（BSの初期の時代はリニアPCM信号であった）。また、ポータブルオーディオプレーヤー等で用いられているMP3等の圧縮系音楽ファイルも、当該ファイル形式にエンコード（PCM信号からMP3フォーマットへの変換）する前とデコード（MP3フォーマットからPCM信号に変換）した後の信号フォーマットはリニアPCM信号である。図5にPCM信号の概念を示す。
　詳しくは次項で解説するが、デジタルオーディオでは図5に示した通り、標本化（サンプリング）と量子化でデジタル信号に変換され、そのデジタル信号を符号化（コード化）したものがPCM信号である。
　図6にD/A変換におけるPCM信号（デジタルコード）とアナログ振幅情報の関

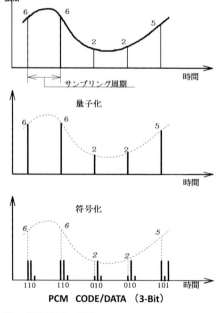

図5　PCM信号の概念

10

係を示す。同図はデジタル信号入力に対して、D/A変換されたアナログ信号との関係を伝達特性として示したものである。

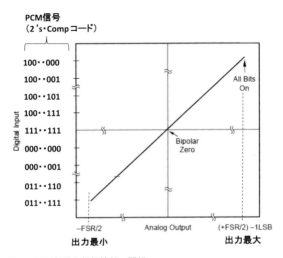

図6　PCM信号と振幅情報の関係

　PCM信号は、ひとつの時間軸ポイントでその分解能ビット数に応じた振幅情報を所有しており、例えばCDDAの16ビット量子化PCM信号は0または1の1ビット単位信号が16個で構成されている。16個の信号はバイナリーの重み付けがされており、最上位ビットはMSB（Most Significant Bit）、最下位ビットはLSB（Least Significant Bit）と呼称される。この1ビット単位の総数をビット数、ビット長、Nビット分解能として呼称している。CDDAでは16ビットPCM信号である。また、PCM信号には複数のコードタイプ（コード値と信号振幅の関係定義がそれぞれ異なる）があり、デジタルオーディオでは、Binary 2's Complement（Complementary Two's Complementと表現されるケースもある）というコードタイプが標準的に用いられている。単純にBTCコードまたはCTCコードと表現されるケースもある。

　Binary 2's ComplementコードではMSB以外の0がビットON、1がビットOFFなので、全ビットがONとなるコードは全コードが0である。原理上MSBは全振幅の1/2の重み付けを有しており、MSBがON、他のビットが全てOFFとなるポイントをバイポーラゼロ（Bipolar Zero）ポイントと定義している。単純にBPZと表すケースもある。このBinary 2's Complementコードの利点は何らかの事故で全コードがON（電源側にショート等）あるいは全コードがOFF（GND側にショート、断線等）となった場合でも、信号出力はBPZポイ

ント（図6における111‥111）とBPZ-1LSB（同様に000‥000）ポイントであり、±フルスケールの大振幅とならない安全性が考慮されている。

1-3. A/D変換とD/A変換

　A/D変換（Analog-to-Digital変換）とD/A変換（Digital-to-Analog変換）はその呼称の通り、アナログとデジタルの変換機能で、現在では音声/音楽信号はもとより画像（静止画/動画）等のメディアアプリケーションに多く用いられている。また、温度計、速度計、重量計、血圧計、医療機器、化学分析、物理計測、自動制御等、民生用途のみならず広範囲な産業/工業アプリケーションでも用いられており、現代技術では欠くことのできない重要な機能である。

　A/D・D/A変換の性能は簡単に表せば「変換速度」と「変換精度」であり、その用途によって求められる性能は大きく異なる。図7にデジタルオーディオにおけるA/D・D/A変換の基本概念を示す。

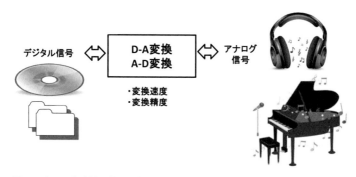

　　図7　A/D・D/A変換の基本概念

　デジタルオーディオにおいても音楽信号はアナログ信号である。A/D変換時のアナログ信号は、楽器演奏や歌声等の音波をマイクロフォンにてアナログ電気信号に変換されたものである。このアナログ信号はA/D変換によりデジタル信号（主にPCM信号）に変換され、変換されたデジタル（PCM）信号はアプリケーション毎の所定フォーマットに応じた信号処理が実行され、CDDA等に代表される記録媒体に記録される。

　一方、CD-DAやハイレゾ音楽ファイル等に記録されているデジタル信号は（主にPCM信号）、D/A変換時にアナログ電気信号に変換される。変換されたオーディオ信号はオーディオアンプ（プリメインアンプやヘッドフォンアンプ）等で所定のレベル（パワー）に増幅されて、更にはスピーカー、ヘッドフォン等により音波に変換され、リスナーが音楽と

して聴くこととなる。

A/D・D/A変換における基本性能は変換速度と変換精度であることは既に述べたが、一般的なデジタルオーディオ用A/D・D/A変換システムは、A/D・D/Aコンバーターデバイス（IC）とその入出力アナログ回路でメイン基本機能が構成されており、基本的な変換性能（精度）はほとんどA/D・D/Aコンバーターデバイスで決定されることになる。

●変換速度

変換速度は入力アナログ信号に対してデジタルデータ変換に要する時間で定義されている。A/D変換の実行の仕方（単発/連続）と要求変換速度はアプリケーションによって大きく異なる。例えば、家庭用体重計では0.1秒の変換時間であっても何ら問題ないが、CTスキャンのような医療機器ではマイクロ秒の変換時間が要求される。

デジタルオーディオでは信号が連続しているので、データ変換は連続的に実行され、この連続変換時間を周波数で表すこととしている。これが「サンプリングレート（単位Hz）」で、1秒間に何回のサンプリングを実行しているかを表している。A/D変換用語では標本化周波数（Sampling Frequency）とも呼称される。例えば、CDDAのサンプリングレートは44.1kHzに規格化されているので、1秒間に44100回のサンプリング（連続A/D・D/A変換）を実行していることになる。44.1kHzのサンプリングレートは時間に換算すると約22.676マイクロ秒となる。このサンプリングレートは、後述するΔΣ変調器等でのサンプリングレートやデジタルフィルターのオーバーサンプリングレートとの混同を避ける意味で、本書では基準サンプリングレートと呼称する。また、一般的にはサンプリングレート・fsといった表示をすることもある（fsはFrequency Sampling）。詳しくは後述するが、基準サンプリングレート・fsは再現可能な信号周波数の上限を理論的に決定し、その周波数は基準サンプリングレート・fsの1/2である。CDDAのfs＝44.1kHzでは、44.1kHz/2＝22.05kHzが再生可能周波数の上限、すなわち理論周波数帯域となる。

●変換精度

変換精度はA/D・D/Aコンバーターデバイスと周辺アナログ回路に総合で決定されるが、精度を表すパラメーターも多く存在する。工業/産業用ではDC精度として積分直線性誤差（INL：Integrated Non Linearity またはILE：Integrated Linearity Error）と微分直線性誤差（Differential Non Linearity またはDLE：Differential Linearity Error）が精度の規定するスペックで定義されている。規定スペックは±N・LSBといったLSB単位または、0.00N% of FSRといったフルスケールに対する%単位で規定される。AC精度としては、SINAD（Signal to Noise and Distortion Ratio）特性やSFDR（Spurious Free Dynamic

Range）特性等が規定されている。

　変換速度と同様に要求精度もアプリケーションによって大きく異なる。例えば、家庭用重量計では100kgを最大値として100g単位の精度で（1/1000＝0.1％程度）十分であるが、高度な産業用アクイジションシステムでは0.0001％～0.001％の精度が要求されるケースもある。

　デジタルオーディオでは精度に関してアナログオーディオと同等の性能パラメーターを用いており、THD＋N特性、S/N比特性、ダイナミックレンジ特性が主要オーディオ特性として重要なものとなり、これらを総合して変換精度を判断することになる。後述する量子化理論により、変換精度は変換システムの量子化分解能ビット数によって決定される理論量子化誤差（±0.5LSB）による性能理論限界を有する。例えば、CDDAでの量子化分解能は16ビットであるが、16ビット分解能での理論ダイナミックレンジ特性は98dBに制限される。この理論についての詳細は後述する。また、±0.5LSBの振幅はフルスケールに対して0.0015％となり、THD＋N特性も0.0015％に制限されることになる。実際の再生機器では帯域制限等の効果により0.0012％程度が16ビット分解能での理想値となることが実証されている。

1-4. 基準サンプリングレートと信号帯域幅

　デジタルオーディオの基本理論性能を決定する要素は、前述の変換速度である基準サンプリングレートと変換精度であるダイナミックレンジ特性である。基準サンプリングレートは理論信号帯域幅を決定する。ここでは、基準サンプリングレートと理論信号帯域幅との関係について説明する。

　図8にサンプリング周波数と信号周波数との関係を示す。

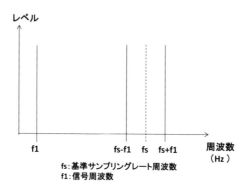

図8　基準サンプリングレートと信号周波数の関係

1 ハイレゾの前にデジタルオーディオの基本について

　同図は、周波数f1の信号を基準サンプリングレート・fsによりサンプリング（A/D・D/A変換）した時のスペクトラムを示している。サンプリングにより、元信号であるf1に対してfs±f1のサンプリングスペクトラム成分が分布することになる。これはサンプリング定理によるもので、イメージ的には無線におけるAM変調スペクトラムで近似できる。

　同図において、基準サンプリング周波数であるfsは破線で示しているが、実際にサンプリング定理ではfsのスペクトラム成分はなく、fs+f1とfs-f1の二つのスペクトラム成分が分布する。繰り返すが、サンプリング理論では次のようになる。

　　スペクトラム分布＝fs±f1  （式-1）

　図9は基準サンプリングレート・fsと理論信号帯域の関係を示したものである。**図8**では単一周波数信号に対するスペクトラムを示したが、**図9**では元信号の信号帯域としてのスペクトラム分布を示している。サンプリングに関する各定理（標本化定理、ナイキストの定理）により、サンプリングレート・fsと理論信号帯域（最高信号周波数faの関係は次式で表される。

　　fa＝fs/2 （式-2）

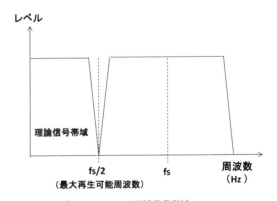

図9　サンプリングレートと理論信号帯域

　前述の通り、CDDAにおける基準サンプリングレート・fs＝44.1kHzではfs/2＝44.1kHz/2＝22.05kHzが理論信号帯域となる。人間の可聴限界は科学的に20kHzであることが証明されており、1980年代にCDDAの規格が各関係団体で策定された時もこの「20kHz可聴限界」を策定根拠として、若干の余裕のある44.1kHzに決定された経緯がある。A/D変換時には、この理論信号帯域を超える周波数の信号が入力されないようにLPF処理を実行しなければならない。fs/2より高い周波数の信号が入力されると、AM混変調と同様な原理で帯域内に周波数に応じたビート信号が発生する。この現象は「エリアシング（Aliasing）」

と定義されており、A/D側入力に用いる帯域制限LPFをアンチエリアシング・フィルターと呼称している。実際のA/D・D/AコンバーターICでは基準サンプリングレート・fsと同時に、内蔵しているデジタルフィルターの周波数特性がデバイスの総合周波数特性を決定する要素となっている。デジタルフィルターの動作については後述するが、**図9**に示す通り、サンプリングスペクトラムは最大fs/2まで分布するので、現代のデジタルオーディオではこれをオーバーサンプリングとデジタルフィルタリングにより、ある程度除去（抑圧）している。

　余談だが、当時、録音/再生可能なデジタルオーディオ機器として存在したPCMレコーダーの基準サンプリングレートはfs＝44.056kHzであり、同一サンプリングレートとした場合のデジタルコピー（品質劣化無しでコピー可）を回避することも目的としたものであるとも言われている。

1-5. 量子化分解能とダイナミックレンジ特性

　まず最初に、デジタルオーディオにおけるダイナミックレンジ特性には、「デジタル領域での理論ダイナミックレンジ特性」と「オーディオ/アナログ特性としてのダイナミックレンジ特性」があり、この両者は明確に区別しなければならないことを特記しておく。

＊デジタル・ダイナミックレンジ

　量子化分解能（ビット数）で決定される理論ダイナミックレンジ特性

　オーディオ雑誌等ではこの特性を前面に出しているが、フォーマットとしての理論値であり、重要なのはアナログ・ダイナミックレンジ。

＊アナログ・ダイナミックレンジ

　オーディオ特性としてのアナログ信号に対するダイナミックレンジ特性

　最も重要な特性であり、実際のオーディオIC/機器の性能を判断するためのスペック。

　本項では、この両ダイナミックレンジの内、デジタル領域、量子化分解能で決定される理論ダイナミックレンジ特性について解説する。

●量子化と量子化誤差

　図10に量子化と量子化誤差の概念を示す。量子化とは連続量である元アナログ信号を離散量であるデジタル信号に変換する工程を意味している。

　図10の例では、連続するアナログ信号Vsは理論振幅範囲内でデジタル信号0，1，2に置換される（**図5**も参照）。このデジタル信号の数（ステップ数）Nと振幅情報は量子化ビット数・Mで決定される。

$$N＝2^M$$ .... （式-3）

1 ハイレゾの前にデジタルオーディオの基本について

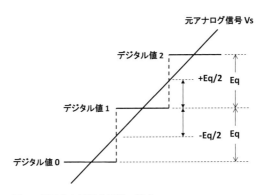

図10 量子化と量子化誤差の概念

例えば、CDDAの16ビット分解能であれば、ステップ数NはN＝216＝65536となる。

この量子化ビット数はA/D・D/A変換では分解能（Resolution）としても定義されている。

図10の概念図でもわかる通り、デジタル値0、1、2は連続する元アナログ信号Vsに対してEqの振幅幅の間隔でデジタル値に置き換えられている。このEqはデジタル値のもつ最小の振幅単位となり、量子化ビット数で決定される。

$$Eq = Vs/(N-1) = Vs/(2^M - 1) \quad (式-4)$$

このことは、データ変換された各デジタル値は±Eq/2の理論誤差を有していることを意味しており、この理論誤差Eqは量子化誤差（Quantization Error）と定義されている。量子化誤差の別の表現では量子化歪み（Quantization Distortion）、量子化雑音/ノイズ（Quantization Noise）とも呼称されるケースもあるが、全て同一の定義である。

● **量子化誤差と理論ダイナミックレンジ**

この量子化誤差はデジタルオーディオ特有の表現で、簡単に表現すれば、フルスケール信号とデジタル信号最小値との比となる。当然、量子化ビット数が多く（高く）なるほど理論ダイナミックレンジ特性は向上する。

図11にサイン波信号に対する量子化と量子化誤差の概念を示す。デジタルオーディオでの量子化誤差はDC（直流）信

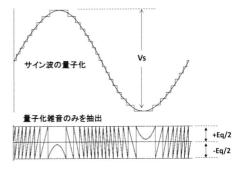

図11 サイン波の量子化と量子化誤差

17

号ではなく、動的な基準サイン波信号における量子化誤差で計算される。

サイン波での量子化雑音電圧実効値Nqは一定条件下において次式で表される。

$$Nq(RMS) = Eq/\sqrt{12} \quad\quad\quad (式-5)$$

一方、ピーク値Vs信号の実効値は次式で表される。

$$Vs(RMS) = Vs/(2\sqrt{2}) \quad\quad\quad (式-6)$$

これらにより、理論ダイナミックレンジDRは量子化ノイズ実効値、Nq(RMS)と最大信号振幅実効値、Vs(RMS)の比で計算することができる。

$$DR = 20Log\{Nq(RMS)/Vs(RMS)\}(dB) \quad\quad\quad (式-7)$$

これを計算すると、最終的には次式で理論ダイナミックレンジを表すことができる。

$$DR = 6.02 \times M + 1.76(dB) \quad M：量子化ビット \quad\quad\quad (式-8)$$

この式は非常に重要であり、フォーマットとしての理論性能を正確に表すものとなる。

ダイナミックレンジの計算では、小数点以下を省略した簡易式もオーディオ雑誌等ではよく用いられている。

$$DR(簡易版) = 6 \times M(dB) \quad\quad\quad (式-9)$$

理論ダイナミックレンジを式1-6および式1-7で表すと次のようになる。

16ビット：98.1dB（式-8）、96dB（式-9）

24ビット：146.2dB（式-8）、144dB（式-9）

32ビット：194.4dB（式-8）、192dB（式-9）

ハイレゾ（24ビット/32ビット）においてはこの理論値（デジタル領域での理論ダイナミックレンジ特性）が強調されるケースが多い。確かに24ビット量子化分解能における144dB（146dB）の理論ダイナミックレンジ値は実に魅力的な数値であり、これをフィーチャーすることはフォーマット理論値として間違いではないものの、エンドユーザーに対してミスリードしている部分もあることは否めない。本書はハイレゾ解説であるが、世間で語られている「24ビットだ！」、「144dBのダイナミックレンジだ！」を鵜呑みにしてはならないことは明らかにしておく。理論的背景と検証は別章で詳しく解説する。繰り返すが、実際にはアナログ性能としてのダイナミックレンジ特性が最も重要となる。

1-6. 主要オーディオ特性

本項では実際のオーディオIC/機器の特性（仕様/スペック）を表す主要オーディオ特性について解説する。デジタルオーディオにおいても入出力はアナログオーディオ信号であり、主要オーディオ特性を理解することでオーディオIC/機器の性能優劣を判断できることになる。オーディオ特性は科学/電気的な「絶対値」であり、自動車で例えれば最高速度が150km/hとスペック規定している自動車が200km/hを出すのは不可能であるのと同様

1　ハイレゾの前にデジタルオーディオの基本について

に、オーディオ特性も規定スペック以上の性能を出すことはできない。ここで説明が困難な点はユーザー個人の主観による「音質」との関係である。絶対的な音質判断を有している人間（録音エンジニアやオーディオ開発エンジニア等）はごく限られた人種であり、一般的にはユーザー個人の好みによる音質判断がされる。その音質評価と主要オーディオ特性との相関関係は明確に示すことはできない。AMラジオ放送とFM放送の音質差はほぼ誰でも聴き分けることができると思うが、これは主要オーディオ特性が桁違いに違うことによる。すなわち、主要オーディオ特性は聴感音質とある程度の相関関係があり、特異的な趣向を持たない一般ユーザーであれば、高性能＝高音質の関係は成立する。

　図12に、あるネットワークプレーヤーのオーディオスペック例（抜粋）を示す。この例においては規定スペックの上から順番に、
＊信号出力レベル
＊周波数特性
＊S/N比
＊ダイナミックレンジ
＊全高調波歪率（THD＋N）
＊チャンネルセパレーション
が規定されているが、これらが再生オーディオ信号の性能を表す主要オーディオ特性となる。各特性はその定義と測定法がCDプレーヤーの特性として規格化（主にJEITA：日本電子情報技術産業振興協会、Japan Electronics and Information Technology Industry Associationによる）されている。これらの測定法については後述する。

アナログ出力		
音声出力レベル	RCA	1系統：2.0 Vms（1 kHz, 0 dB）
周波数特性	4 Hz〜70 kHz（－3 dB）	
S/N比	RCA	110 dB（1 kHz, 0 dB）
ダイナミックレンジ	100 dB	
全高調波歪率	RCA	0.002％（1 kHz, 0 dB）
チャンネルセパレーション	100 dB（1 kHz, 0 dB）	

図12　オーディオスペック規定例(抜粋)

　スペック表記においては、オーディオ機器製造/販売各社によりスペック表示項目や規定条件が異なるものや、各社の独自規定（条件）によるものを示しているもの、各特性の代表例だけを示しているもの等がある。従って、スペックを比較検討するには入手可能な範囲での規定条件を確認する必要がある。**図12**のスペック規定例はデジタルオーディオの

基本的かつ標準的スペック表示であり、逆に言えば、各社/各機器は最低限この例のようなスペックを規定/表示すべきである。

本項では主要オーディオ特性の概要、定義、測定法等について簡単に解説する。ここでのオーディオ特性はいずれも重要なものである。音質との相関関係では筆者の個人的経験であるが、中～高級グレード機器においては、ある程度の周波数特性と全高調波歪率（THD＋N）特性を有している条件下では、ダイナミックレンジ特性が最も音質との相関が高い性能である。THD＋N特性も重要であるが、現行の機器のTHD＋N特性はある程度高性能化されているので、スペック値での音質差は判断しにくくなっている。

● 出力レベル

出力レベルはデジタルオーディオ機器のライン信号出力（標準的にはRCAピン）の信号レベルである。この信号出力は通常プリメインアンプの入力となる。CDプレーヤーが登場した時に、業界において標準2Vrms（0dB、フルスケール時）に規定されたものがCDプレーヤー以外のハイレゾ再生プレーヤーでも継承されている。標準の2Vrmsから大きく異なるケースはほとんどなく（2.2Vrms等若干大きめのものは結構存在する）、音質との相関はほとんどないと言える。中～高級機グレード機器においてはXLR/キャノンコネクター出力（RCAのシングルエンド信号伝送に対してバランス信号伝送）を設けているものがあるが、その場合出力レベルは約2倍の4Vrmsになる。音質的にもシングルエンドに対して優位であるとされているが、これは信号レベルの違いよりも伝送方式の差異によるものが要因（バランス伝送ではコモンモード/同相ノイズの悪影響が低減される）であると言える。図13に高級CDプレーヤーにおけるオーディオ出力端子例を示す。

図13　オーディオ出力端子例

● 周波数特性

図14にオーディオにおける周波数特性の代表例と定義を示す。

周波数特性は通常1kHz基準周波数での信号レベルを0dBとした時、信号レベルが－3dB低下する周波数で定義され、図14に示す通り低域側の周波数fc1と高域側の周波数fc2が存

1 ハイレゾの前にデジタルオーディオの基本について

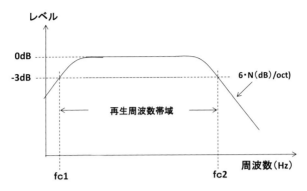

図14 周波数特性例と定義

在する。低域側はDCアンプ等ではのDC（0Hz）領域までフラットなケースもある。（fc2 －fc1）が周波数帯域となる。また、一般的には高域側の周波数fc2を周波数特性と規定するケースが多い。

　オーディオ再生機器においてはアナログ出力部に何らかのLPF（Low Pass Filter）が用いられており、信号フローでD/A変換部の後部に設置されることからポストLPFと呼称されている。フィルター理論から基準周波数における通過帯域ゲイン（0dB）から－3dBゲインが低く（小さく）なる周波数をカットオフ周波数・fcとして定義している。

　このカットオフ周波数を周波数特性における周波数帯域と定義している。fcからの周波数減衰特性はLPFとしての次数Nに対して6×N（dB）/octとなる。

　周波数特性はこの－3dB帯域周波数で統一されるべきであるが、各社によりスペック規定が異なる事実がある。例えば次のようなスペック規定を見ることができる。

＊再生可能（周波数）帯域としてフォーマットによるデジタル理論値を表示。
＊周波数特性として－6dB帯域周波数を表示。
＊周波数特性として±0.5dB～±1dB等のフラットな帯域周波数を表示。

　また、これらの周波数特性はCDDA再生、DSD再生、ハイレゾ再生で基準サンプリングレート・fsが異なるので、デジタル理論値を含めた周波数特性も異なる条件に対して規定しなければならないが、各fs条件でのものを表示しているものは少なく、代表的な条件での値のみの表示や条件が記載されていない表示も見られる。

　図15にデジタルオーディオ再生機器における周波数特性の決定要素を示す。

　周波数特性を決定する要素はデジタル領域のものとアナログ領域のものであり、前者はDAC部での内蔵デジタルフィルターのカットオフ周波数f_D、後者はポストLPFのカットオフ周波数f_Lである。デジタル領域のカットオフ周波数f_Dは動作アンプリングレート・fcと

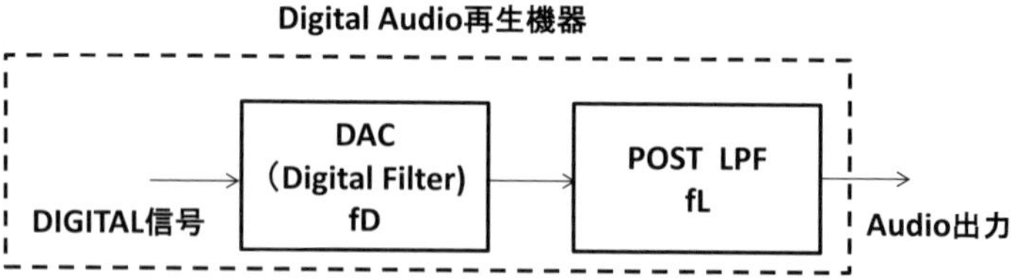

図15 再生機器での周波数特性決定要素

デジタルフィルター（正確にはオーバーサンプリング・デジタルフィルター）のフィルター周波数特性で決定される。デジタルフィルターの特性はD/AコンバーターICのモデル毎に異なるが。理論帯域の0.5fs以下の周波数であることが一般的である。例えばあるモデルでは－3dBカットオフ周波数を0.49fsで規定している。fsは基準サンプリングレートであり、各サンプリングレート・fsでの実周波数は次のようになる。

・f_D (fs＝44.1kHz)＝21.61kHz
・f_D (fs＝96kHz)＝47.04kHz
・f_D (fs＝192kHz)＝94.08kHz

図16にD/AコンバーターICにおけるデジタルフィルターの周波数特性例を示す。

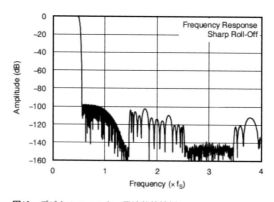

図16 デジタルフィルター周波数特性例

一般的なデジタルフィルターは×8倍オーバーサンプリング動作を行い、基準サンプリングスペクトラムの項で説明したサンプリングスペクトラム（図8、図9参照）の除去を実行する。除去するスペクトラムはfs～4fsに分布するものである。

一方、アナログ領域のポストLPFはMFB（Multiple Feed Back/多重帰還）型、バターワース型、GIC（General Immittance Converter）型等オペアンプICとCRコンポーネントで

構成され、カットオフ周波数はCRコンポーネントの値で決定される。**図17**に2次NFB型LPF回路例を示す。

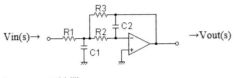

図17　2次NFB型LPF回路

　同図のカットオフ周波数の式から明らかなように、カットオフ周波数f_L（fc）は固定であり、f_L（fc）をサンプリングレートによって変えるにはCRコンポーネントも切り換えるか複数のLPFを用意しなければならない。
　図12のスペック例において、周波数特性は、4Hz～70kHz（－3dB）で規定されている。これはfs＝192kHzの理論再生周波数が最大条件のものと判断するが、エンドユーザーがそれを判断できるかは疑問である。fs＝96kHzでは理論帯域は48kHz、fs＝44.1kHzでは理論帯域は24kHzとなるので、fs＝192kHz動作以外の動作条件で70kHzの信号再生は不可能である。筆者の推測であるが、本機ではD/AコンバーターIC後段のポストLPFのカットオフ周波数f_L（fc）を70kHzに設計しているので、それをスペック表示したものと思われる。従って、周波数特性スペックを判断するにはデジタル領域のカットオフ周波数f_Dとアナログ領域のカットオフ周波数f_Lのどちらをスペック規定しているかを判断することになる。この両者の関係を簡単に表現すれば次のようになる。
＊Case-A：D/A変換理論帯域f_D＞LPFカットオフf_L　→　D/A理論帯域f_D
＊Case-B：D/A変換理論帯域f_D＜LPFカットオフf_L　→　LPFカットオフf_L
　例えば、CDDA再生ではfs＝44.1kHzで、デジタルフィルターによる－3dB周波数は（理論帯域f_D）は20kHz～22kHzが標準的であるが、ポストLPFのf_Lは30kHz～50kHzに設定されているのが一般的である。この場合、ポストLPFのカットオフ周波数f_Lが30kHz～50kHzであっても再生機器の再生周波数特性はデジタル領域で決定される20kHz～22kHzとなる。また、基準サンプリングレート・fs＝192kHz動作ではデジタル領域周波数帯域は90kHz～96kHzであるが、ポストLPFのf_Lが50kHzに設定されていれば、周波数特性はf_Lで決定されることになる。

●THD＋N特性

　THD＋N（Total Harmonic Distortion＋Noise）特性は日本語表記では全高調波歪率＋雑音で、高調波はデバイスの非線形要因によって発生する2次、3次、4次……の各高調波で、これらの各高調波の全総和が全高調波（THD）である。高調波と別に信号出力時のおける帯域内での動作ノイズ、量子化ノイズ、サーマルノイズ等の各雑音の総和が雑音（N）となる。基準（テスト）信号レベルをAとすれば、THD＋N特性は次式で定義される。

　　THD＋N＝(THD＋N)/A(%) ･･ (式-10)

　　THD＋N＝20Log {(THD＋N)/A} (dB) ･････････････････････････････ (式-11)

　例えば、THD＋N＝0.001(%)はTHD＝－100(dB)となる。THD＋N特性も「THD特性」、「高調波歪率」等で表記されているケースが見受けられるが、ほとんどはTHD＋Nと同義のものである。但し、THD＋Nの詳細分析においてはTHDとNを個別に扱うこともある。THD＋N特性の測定にはオーディオアナライザー、THD＋Nメーター等の専用の測定器が必要である。THD＋N特性の測定法はJEITAで規定されており、図18にその測定ブロックを示す。

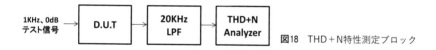

図18　THD＋N特性測定ブロック

　被測定対象（D.U.T）の出力には20kHzのLPFが用いられる。これはデジタルオーディオでは再生出力はオーディオ信号帯域外に理論サンプリングスペクトラム（fs±信号周波数、図8、図9参照））が含まれるので、このスペクトラム成分を除去する目的である。この20kHz・LPFの特性はJEITAやAES（Audio Engineering Society）で規格化されている。図19にAES17・20kHz・LPFの特性を示す。要求仕様は、24kHzにおいて60dB以上の減衰量と20kHzの通過帯域内で±0.1dB以内のリップル量である。

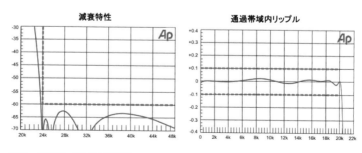

図19　AES17・20kHzLPF特性

THD＋N特性測定においては、基準信号周波数は1kHzが標準で用いられるので、高調波の発生は2次＝2kHz、3次＝3kHz、4次＝4kHz……と理論的には20kHz帯域での20次まで存在するが、一般的には7次〜11次程度までの高調波がその分布（発生）のほとんどを占める。また、雑音N成分にはデジタルオーディオ特有の量子化ノイズNq（前述、式-5）が含まれる。従って、THD＋Nの実態は、

$$\text{THD}+\text{N}+\text{Nq} \tag{式-12}$$

となる。上式でNはアナログ領域の総合ノイズ、Nqは量子化分解能で決まる理論量子化ノイズである。例えば、16ビット量子化でのNqは－98dBなので、再生系の歪み（THD）も雑音（N）もゼロという理想状態（THD＝0、N＝0）では、THD＋N＋Nq＝0＋0＋Nq＝Nqとなり、測定されるTHD＋Nは約－98dB（約0.0013％）となる。ハイレゾの24ビット量子化ではNqは－146.2dBと極めて小さいレベルとなり、Nqの影響はほとんど無視できる。これはハイレゾの大きな利点であることは間違いない。

図20にTHD＋N特性の測定例を示す。テスト信号（サイン波）とそのTHD＋N成分の実測におけるオシロスコープに観測波形例である。この例ではサイン波基本信号に対して数次の高調波が組みわされて歪み波形を生成している。サイン波1周期に対して歪み波形は3つのピークがあるので、この場合は3次の高調波が主成分であることが読み取れる。

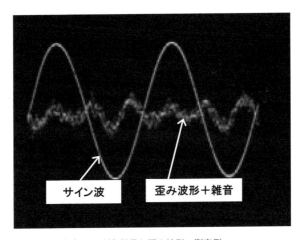

図20　基本波（サイン波）信号と歪み波形の測定例

THD＋N特性を成分分析するにはFFT（Fast Fourier Transform）測定を行うことで確認することができる。FFT測定には専用のFFT機能を有する測定器が必要である。

図21にオーディオ用D/AコンバーターICのTHD＋N特性をFFT測定した例を示す。

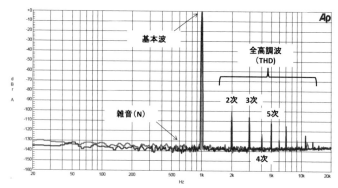

図21　THD＋N特性のFFT測定例

　FFT測定においては、サンプリング数、測定帯域等の測定パラメーターが存在するので経験的に最適なパラメーター設定をするのが一般的である。また、FFT測定結果の比較には設定パラメーターが同一条件であることが求められる。同図では0dB（フルスケール）、1kHzのテスト信号に対して2次（2kHz）、3次（3kHz）……等の高調波成分スペクトラムを確認できる。FFT測定においてはTHD＋N測定の値だけでは解らない高調波（THD）成分と雑音（N）成分をそれぞれ分離して確認することができるのが最大の利点である。但し、THD＋N＝0.001％等の数値での表示は通常できないのでスペック規定においては図18の測定法による結果が用いられる。

　オーディオ機器におけるTHD＋N特性のスペック規定は0dB、1kHzの信号に対する値が代表特性として表示されるのが一般的である。THD＋N特性のより詳細な分析/評価には次に掲げるパラメーターがある。
＊THD＋N対信号レベル特性
＊THD＋N対信号周波数特性
　図22に高性能24ビット分解能D/AコンバーターICのTHD＋N対信号レベル特性実測例を示す。
　この測定例では信号周波数＝1kHz、信号レベル＝0dBFS〜－60dBFS、fs＝48kHzの条件で、16ビットDATAと24ビットDATAで測定したものである。同じD/AコンバーターICで特性が異なるのは前述のTHD＋N＋Nqの理論が証明されている。すなわち、16ビットでは0dBFSで約0.0012％、－60dBFSで約1％となっているがこれは16ビット時の量子化ノイズNqでTHD＋N特性が制限されていることを表している。逆に言えば16ビットではほぼ理論理想値のD/A変換がされていることになる。24ビットでは量子化ノイズNqの影響がないので、デバイスの持つ非直線性と雑音でTHD＋N特性が決定されていることに

1 ハイレゾの前にデジタルオーディオの基本について

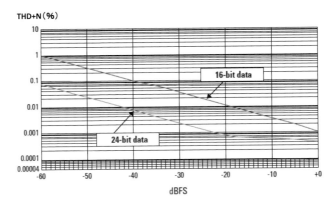

図22　THD＋N対信号レベル特性例

なる。

　デジタルオーディオでは、基準サンプリング周波数・fsをパラメーターにしたTHD＋N特性も重要となる。すなわち、fs＝44.1kHz、fs＝96kHz、fs＝192kHzといった各基準サンプリングレート・fsが異なることにより特性がどのように変化するか（しないか）も確認しなければならない。スペック表示ではfs＝48kHz時のものが代表的に規定されているケースがほとんどであるが、ハイレゾ対応機器では対応サンプリングレート・fs毎にスペック規定するべきである。図12の例の例ではTHD＋N特性＝0.002％で規定されているが、ハイレゾ対応再生機器でありながら24ビット条件なのか、fs条件は何なのかの記述はされていない。

●S/N比特性

　S/N（Signal-to-Noise Ratio）比特性は、フルスケール信号Vsと無信号時の総合ノイズNとの比で定義され、日本語表記では信号対雑音比で表示される。S/N比特性もSNやSNRと表示されるケースがある。

$$S/N = 20Log(Vs/N)(dB) \cdots\cdots (式-13)$$

　図23にS/N比の概念図を示す。
　S/N比の測定法もJEITAで定義されており、図24にS/N比の測定ブロックを示す。S/N比はCDDAに代表されるコンシューマ

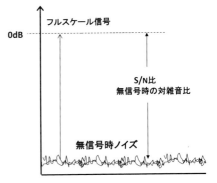

図23　S/N比の概念

27

（民生）機器においては、聴感補正用の"A-Weighted"フィルターを用いて測定される。テスト信号は1kHz、0dB（フルスケール）を基準にするが、無信号時のノイズはTHD＋N特性で説明した量子化ノイズNqもないので、アナログ雑音Nのみがノイズ値となる。

図24　S/N比測定ブロック

A-WeightedフィルターはIEC（International Electrotechnical Commission）で特性規定されている聴感補正フィルターで、人間の聴感が低周波数域と高周波数領域で感度が低下する現象に合わせた周波数特性（ラウドネス曲線の逆）を有する。図25にA-Weightedフィルター特性を示す。低域側では100Hzで約20dB、高域側では20kHzで6～7dBの減衰量を有する。

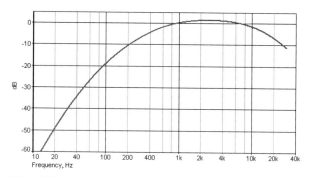

図25　A-Weightedフィルター特性

デジタルオーディオ機器においては、後述のダイナミックレンジ特性と規定値が同じかやや高性能な値であることが多いが、これはダイナミックレンジ特性との大きな差異である「無信号時のノイズ」を対象としていることによる。また前述の通り量子化ノイズNqの影響を受けないことになる。

デジタルオーディオ再生機器で用いられている一般的なΔΣ型D/AコンバーターICは、その動作原理からダイナミックレンジ特性値とS/N比特性値が同じか僅かな差異でしかない。従って、コンバーター出力回路が標準的なものであればダイナミックレンジ特性とS/N比特性は同等となる。再生機器によっては、再生動作時に無信号状態を検出してアナログ出力回路にアナログミュートをかける機能を有しているものがあり、この場合、アナログ

ミュート機能により出力ノイズもミュート(減衰)されるので、S/N比はより良い性能(値)となる。このことは図12のオーディオスペック規定例で確認することができる。S/N比特性スペックは110dBであるが、ダイナミックレンジ特性スペックは100dBとなっている。S/N比特性は無信号ノイズであるため前述の通り量子化ノイズNqの影響を受けないので、基準サンプリングレート・fsが異なる動作条件でも理論的にはS/N比特性はほとんど変らないはずである。従って、スペック表示としては代表特性のみでも問題ないと言える。

● ダイナミックレンジ特性

図26にダイナミックレンジ特性の概念を示す。ダイナミックレンジ特性は、1kHz、−60dBテスト信号出力時のTHD+N特性で決定される。定義と測定法はTHD+N特性やS/N比特性と同様にJEITAで規格化されており、S/N比と同様にA-Weightedフィルターを用いる。その定義は次の通りである。

　　　　DR＝|−60dB出力時のTHD+N値|+60 (dB) ……………………………(式-14)

例えば、−60dB出力時の測定THD+N値が−40dBであればダイナミックレンジ特性は次の様に計算される。

　　　　DR＝|−40|+60＝100 (dB) ………………………………………………(式-15)

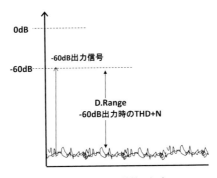

図26　ダイナミックレンジ特性の概念

ダイナミックレンジ特性の測定においては前述の通り、S/N比特性測定と同様にA-Weightedフィルターが用いられる。図26の概念図ではノイズ成分のみを描いているが、実際の測定ではTHD+N特性を計測する。図27にダイナミックレンジ特性の測定ブロック図を示す。テスト信号は1kHz、−60dBの信号で、被測定デバイス/機器(D.U.T)の出力信号に対しては20kHzのLPFとA-Weightedフィルターが併用される。20kHz・LPFはデジタルオーディオにおける理論サンプリングスペクトラムと帯域外ΔΣ変調ノイズを除去す

るのに絶対必要となる帯域制限である。

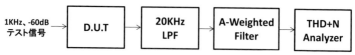

図27　ダイナミックレンジ特性測定ブロック

　THD＋Nは前述のTHD＋N特性でも説明した通り、デジタルオーディオでは量子化ノイズNqが含まれるので、量子化分解能により性能限界を有する。16ビット量子化では98dBが性能限界となるが、A-Weightedフィルターによるフィルター効果により、100dB前後が16ビット量子化の理想値となる。図22のTHD＋N対信号レベル特性でも16ビットDATAでの−60dBFS時のTHD＋N実測値は約1％で、これはdB換算で−40dB、すなわち、ダイナミックレンジ特性としては約100dBに換算できる。
　24ビット量子化での量子化ノイズNqは−144dB以下なのでNqの影響はほとんどなく、純粋なアナログ領域でのTHD＋Nで性能が決まることになる。同様に図22の実測例では24ビットDATAにおける−60dBFSでのTHF＋N値は約0.07％、dB換算では−63dB、すなわち、ダイナミックレンジ特性として123dBに換算できる。
　図12のスペック規定例ではダイナミックレンジ＝100dBとしか規定されていないが、このスペック表記はハイレゾ対応再生機としてはやや問題である。ダイナミックレンジ特性スペックとしては次の2条件でのものを規定すべきである。
＊16ビット/24ビット等のデータ長の条件
＊基準サンプリングレート・fsの条件
　ダイナミックレンジ特性はS/N比と異なり、実際に信号が出力されている時のTHD＋N特性である。すなわち、THD＋Nは歪み成分（THD）とダイナミック状態でのノイズ（N）であることから、最も重要なオーディオ特性パラメーターである。この理由により、筆者個人の主観であるが、最も音質との相関関係の深い特性であると言える。また、ここではD/A変換時のダイナミック特性を示したが、A/D変換時も同様の特性定義であり、入力テスト信号がアナログで出力デジタル信号に対してTHD＋N特性を測定する（デジタルドメインでの測定器が必要、フィルターもデジタル領域で実施される）。

●チャンネルセパレーション特性
　チャンネルセパレーション特性は標準的な2チャンネルSTEREO機器、Dolby AC-3、5.1マルチチャンネル等のマルチチャンネル対応機器に適用される特性で、簡単に言えばSTEREOでは、L-ch（Left Channel）−R-ch（Right Channel）間の信号漏れ（チャンネル

1 ハイレゾの前にデジタルオーディオの基本について

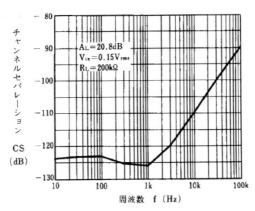

図28 チャンネルセパレーション特性例

間クロストーク)である。Lch＝0dB、Rch＝無信号のテスト信号を加えた時に理想的にはRchに一切の信号は現われないが、実際には僅かなLchからの漏れ信号が発生する。この漏れ信号レベルを対フルスケールレベルで何dBのレベルであるかで定義している。Rch＝0dB、Lch＝無信号での条件でも同様である。測定法については他の特性と同様にJEITAで規定されている。チャンネル間のクロストークはデジタル領域では発生する要素がなく、ほとんどは実装状態におけるアナログ部のチャンネル間ストレー容量が原因で発生する。従って、対周波数特性 ($Z=1/j\omega C$) を有することになるが、規格では1kHz信号条件でのものが規定される。図12のスペックの100dBも1kHzで規定されている。

図28にチャンネルセパレーション特性例を示す。生憎デジタルオーディオ再生機での実特性図が見つけられなかったので、ここではデュアルオペアンプICでの特性を用いた。

同図でも明らかなように、周波数1kHz付近を境に周波数が高くなるに従い、チャンネルセパレーションが悪化する傾向であることが分かる。

ちなみに、アナログLP再生における高級カートリッジのチャンネルセパレーション仕様(スペック)は30dB前後である。

オーディオ特性としては80～100dBの特性であれば十分であると言えるが、ダイナミックレンジ特性で120dB以上の高性能グレードでは同等レベルのチャンネルセパレーションが必要となる。

1-7. オーディオ測定器

1-6で解説した主要オーディオ特性であるが、ハイレゾ対応機器も含めてデジタルオーディオ機器の性能向上は著しいものがあり、THD＋N特性では0.0001％以下の超低THD

31

+N値、ダイナミックレンジ（S/N比）特性では140dBレベルの特性値を正確に測定する必要がある。140dBはCDプレーヤー等の標準ライン出力信号レベル2Vrmsを0dB基準とすると0.2μVrmsとなり、汎用的なオペアンプICの雑音レベルよりも小さいレベルとなる。図29にAudio PrecisionのAP2700オーディオアナライザーにおけるD/A変換特性測定ブロックを示す。

図29　AP2700　D/A特性測定ブロック

　AP2700シリーズはAudio Precisionのオーディオアナライザーで、オーディオ業界において最も用いられている世界標準的な測定器であり信号発生機能とオーディオ測定機能が一体化されている。テスト信号入出力はアナログ、デジタルどちらにも対応しているのでD/A変換特性（Dout S/PDIF-Ain）、A/D変換特性（Aout-Din S/PDIF）を測定することができる。測定項目としては、信号レベル/周波数/位相、THD＋N特性、ダイナミックレンジ特性、ノイズ特性、FFT測定等オーディオに関するほぼ全ての項目を測定することができる。測定に必要なLPFやA-Weightedフィルターも内蔵している。図21のFFT測定例、図22のTHD＋N対信号レベル特性もAP2700シリーズで測定したものである。但し、PCM信号の最大ビット長は24ビットで、最大対応基準サンプリングレート・fsは192kHzである。逆に言えば、32ビット、fs＝384kHz等のフィーマットがどのようにテストされているか興味深いところである。

　図30にAP2700シリーズにおけるD/A変換システムのダイナミックレンジ特性の測定（－60dB信号でのTHD＋N特性）画面例を示す。これはAP2700を制御するPC（制御ソフトをインストールした）での表示画面例である。

1 ハイレゾの前にデジタルオーディオの基本について

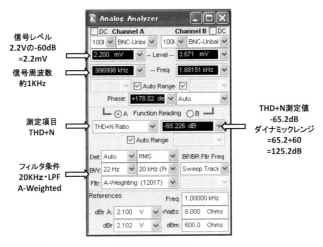

図30　ダイナミックレンジ特性測定画面例

　ダイナミックレンジ特性は－60dB出力時のTHD＋N特性（20kHz・LPFとA-Weightedフィルター使用、信号周波数1kHz）で規定されているので、同図では2.2V基準での信号レベル、約2.2mVで表示されている。測定項目としてはTHD＋Nで測定結果はdB単位（％単位も選択可）で表示されこの例では、－65.226dBで表示されている。式1-12で示した通り、ダイナミックレンジ特性の定義から、ダイナミックレンジ特性は65.226＋60＝125.226(dB)となる。

　オーディオ用測定器としてはTHD＋N計、ノイズ計等信号測定機能のみのものもあり、THDメーターとして良く用いられているものにシバソクのAD725Dがあるが、アナログ信号測定機能のみの対応で、測定結果はメーター（アナログ）表示である。デジタル/アナログ両ドメインでのテスト信号発生機能を含んだ測定器は少なく、テスト信号発生機能を有した測定器としては、アジレントのU8903A、Rohde＆SchwarzのUPV等があるが、日本のオーディオ開発部門で使用されている例はあまり見かけられない。逆に、AP2700シリーズはどこの現場でも見ることができるデジタルオーディオ測定に最適な測定器と言える。残念ながらAP2700シリーズのテスト信号はPCM信号のみでありDSD信号には対応していない。DSD再生での主要オーディオ特性はテスト用DSDディスクを使用するか、各社独自にテスト信号を用意しなければならない。また、PCMにおいても32ビット・データやfs＝384kHzには対応していない。

33

APPENDIX-1

チャンネルセパレーションの解説で高級カートリッジを例にしたが、オーディオ業界で最もポピュラーで使用ユーザーも多いと思われるデノンの定番MCカートリッジDL-103は、アナログLP再生には欠くことのできないカートリッジである。**図31**にDL-103の外観図とユーザーズガイドに記載されているスペックの抜粋を示す。チャンネルセパレーション特性は左右分離度（25dB以上、1kHz）で規定されている。このスペックでセパレーション特性が悪いとはほとんどのユーザーは感じていないはず。

オーディオテクニカもカートリッジに関する歴史は古く、高品質なカートリッジ製品を販売している。**図32**に同社のフラッグシップモデル、AT-ART7の外観図とスペック抜粋を示す。当モデルではチャンネルセパレーションは30dBとDL-103より高い（価格も）。

<主要規格>

発電方式	ムービングコイル形
出力電圧	0.3mV（1 KHz 50mm/sec 水平方向）
左右感度差	1dB 以内（1 KHz）
左右分離度	25dB 以上（1 KHz）
電気インピーダンス	40Ω ± 20%（1 KHz）

型式	空芯MC型
再生周波数範囲	15〜50,000Hz
出力電圧	0.12mV(1kHz、5cm/sec.)
チャンネルセパレーション	30dB(1kHz)
出力バランス	0.5dB(1kHz)

図31　DL-103外観図とスペック抜粋　　　　図32　AT-ART7外観図とスペック抜粋

Chapter 2

デジタルオーディオ・フォーマット

> 2-1. CDDA
> 2-2. 高音質CD (HD-CD、HQ-CD)
> 2-3. DVD/Blu-ray
> 2-4. デジタル放送
> 2-5. 音楽ファイル
> 2-6. DSD (SACD)
> 2-7. ハイレゾ

2 デジタルオーディオ・フォーマット

　本章ではハイレゾが出現する以前から現在でも、CDDAに代表される市場で一般的に流通しているデジタルオーディオ音楽アルバム/ソフトの各フォーマット（パッケージ）について簡単に解説する。

2-1. CDDA

　CDDA（Compact Disc Digital Audio）は、一般的には単純にCDと呼称されているデジタルオーディオの中核をなすパッケージソフトである。CDDA（および再生機器であるCDプレーヤー）の民生市場の登場は1982年であり、2017年現在でその登場から25年が経過したこととなる。CDDAは"Red Book"という国際規格により、物理的な仕様から記録方式等が詳細に規定/規格化されており、その基本仕様には現在でも変わりない。ただし、デジタル信号処理技術、A/D・D/A変換デバイスの高性能化技術といったハードウェア面での技術的進化と、レコーディング/マスタリングのソフトウェア処理テクニックの経験が積み重なり、発売当時に比べて音質面ではかなり品質が向上していると言える。CDDAの主な仕様は次の通りである。

＊量子化ビット数：16ビット・リニアPCM

＊サンプリングレート：fs＝44.1kHz

＊チャンネル数：2チャンネル・STEREO

＊最大記録容量：74〜80分（640MB、700MB）

＊変調方式：EFM（Eight to Fourteen Modulation）

＊エラー訂正：CIRC（Cross Interleaved Read solomon Code）

＊読み取り速度：1.2Mbps

＊読み取り方式：780nm赤外線レーザー

＊ディスク直径：12cm

　この他にもディスクの物理的記録エリアや音楽データ以外のデータ情報の配置等が規格化されているが、本書の主旨と直接関係無いので省略させていただく。音楽用途でCDDAの派生としては、8cmCD（Mini CD）と呼称する、レコードで言えばLPに対するEP（45回転シングル盤）に相当する小型版CDDAがある。利便性やパッケージ問題等を含めた諸事情により需要は衰退しており、現在では新規はもちろん、ほとんど市場で流通していない。

　音楽用途以外ではCD-ROM、CD-R、CD-RW等のCDファミリーが多く存在し、それぞれで規格が策定されている。これらの詳細についても同様の理由により省略させていた

2 デジタルオーディオ・フォーマット

だく。CDDAは現在においてもHiFiオーディオ、ゼネラルオーディオ、カーオーディオ等音楽再生のメインストリームであり、新規リリースされる音楽アルバムもCDDAが中心となっている。オーディオ再生機器での各メーカーの音質評価にもCDDAアルバムを用いているのが一般的である。

　一般的なCDDAにおいては、パッケージにジャケット写真を含めたライナーノーツがあり、ミュージシャンの経歴や音楽経験を含めた個人情報の紹介、曲に関する詳細、歌詞、録音情報（録音スタジオ、録音日、録音エンジニア）等を見ることができるのがCDDAを所有する楽しみのひとつである。例として、図33に筆者所有CDアルバムのうち、ジャズヴォーカルもの幾つかを掲げる。昔はLPのジャケット写真にひかれてレコードを購入した記憶もあるが、パッケージの写真/デザインは対ユーザーに対して重要と言える。また、図34にアルバムライナーノーツを含めたパッケージ例を示す。当アルバムはジャズ界の巨匠、山本剛ピアノトリオ＋首都圏ライブで活躍中の浜田ゆきさんのヴォーカルもので、ジャズライブ店で出演時にサイン入りとして入手できるのもCDDAのメリットである。

図33　ジャズヴォーカルCDアルバム例-1

　CDアルバムに関しての不満と言えば、ミュージシャンによっては新譜アルバムが高額（1枚3000円以上等）であることで、この価格設定は世界一高く、ユーザー観点からは納得できるものではない。この辺は業界に是非再考を願いたいところである。
　CDDAは前述の通り1982年に登場したが、同時にCDプレーヤーもソニー、デノン、オンキヨー、パイオニア、ヤマハ、テクニクス等オーディオ各社から初めて市場に登場した。

図34 ジャズヴォーカルCDアルバム例-2

　CDプレーヤーがなければCDDA再生ができないのでセットで開発/生産/販売されるのは当然のことである。初期のCDプレーヤーは技術的にまだ試行錯誤の時代で、主要オーディオ特性（THD＋N特性やダイナミックレンジ特性）も現代のものに比べると見劣りするが、25年以上前と考えればはそこそこの性能であったと言える。図35に1982年発売のパイオニアCDプレーヤー、P-D1の外観図とスペック抜粋を示す。縦型フロントローディング方式で初期の頃のCDプレーヤーで見られた方式である。

D/Aコンバーター	16bit バー・ブラウン　PCM51JG-V
ローディング	垂直
周波数特性	5Hz～20kHz±0.5dB
ダイナミックレンジ	90dB以上
S/N比	90dB以上

図35　パイオニア P-D1外観図とスペック抜粋

2-2. 高音質CD

　物理的、電気的仕様はCDDAと同じで、ディスク材質に現行CDDAと異なる材質を用いて製造法を改善した音楽CDフォーマットが幾つか存在する。これらは基本的にはCDDA

コンパチブルであり、通常のCDプレーヤーで再生できる。これらの高音質CDのセールストークは「CDを上回る音質」である。確かに通常CDと高音質CDを比較試聴すると「違い」は確認することができるが、マスタリングが異なるものもあり、本当に音質向上が実現しているかには疑問が残る。CDDA再生はレーザーピックアップで記録情報を読み取るが、この過程で発生する読み取りエラーは強力な誤り訂正アルゴリズムにより訂正される。高音質CDは厳選された素材（CD材質）と製造法により、通常CDに比べてより正確に記録データを読み取れるとされている。しかし、前述の強力なエラー訂正アルゴリズムによりエラーの発生頻度やエラー量の違いで画期的に音質が向上するとは思えない。理屈としてはそうであるが、実際のアルバム（好みのミュージシャンの）を聴くと相応に音がいいものもあるのは事実である。

●HQ CD (Hi Quality CD)、UHQ CD (Ultimate Hi Quality CD)

　HQ CDはディスク材質にポリカーボネート、反射膜に特殊合金を使用してディスクの読み取り誤差を最小限にすることで音質向上を図ったもので、メモリーテックの登録商標となっている。後述のSHM CDも同類であるが、マスタリングの出来の良さによる高音質なのか、材質による高音質なのかは判断できない。UHQ-CDはHQ CDの更なる発展改良版で根本的な製造方法が変更されている。図36に同社HPにおけるUHQ CDの製造工程解説図を示す。

図36　UHQ CD製造工程解説図

　図37にUHQ-CD (HQCD) のアルバム例を示す。
　当アルバムは女優、ヴォーカルとして活躍する岩山立子さんのジャズヴォーカルアルバムである。Amazon等における商品情報ではUHQ-CDであることが明記されており、CDパッケージ内にUHQ-CDに関する簡単な解説が付属されている。筆者の個人主観であるが、ピアノトリオとヴォーカルの見事な融合が心地よく再生できる優れたアルバムである。
　高音質CDはCD素材/製造工程が通常CDと異なるのであり、マスター音源（マスタリン

図37　UHQ CDアルバム例

グ、詳しくは後述）の仕上がり状態による元音質に対する対処は一切不可能であり、元音質を向上させることはできない。

● SHM CD (Super High Material CD)

　SHM CDはHQCDと同様にディスク材質に高転写性のポリカーボネートを使用したもので、ユニバーサルミュージックが提唱し、2007年に製品化された。当時の日本ビクター（現JVCケンウッドクリエィテブメディア）と協同開発・販売し始めたものである。

　SHM CDはほとんど日本国内のみに流通しているが、一部は米国市場にも輸出されている。

　図38にSHM CDアルバムの例を示す。

図38　SHM CDアルバム例

当アルバムは1998年録音発売のものをSHM CD化して2013年に再発したものである。ここ数年SHM CDの新規発売はほとんどされていないが、ユニバーサルミュージックはジャズやクラシックの特異とする分野で、また傘下のAVEX等からは幅広いジャンルでの多くのSHM CDアルバムが発売されている。

●Blu-spec CD(2)
　Blu-ray用に開発されたポリカーボネート材質を使用、Blu-rayの製造方法を用いたもので、ソニーミュージックが開発・販売し始めたものである。材質と製造法の革新により従来型CDに比べて大幅な記録精度の向上が図られ、更なる改良が加えられたBlu-spec CD2が登場し、現在ではBlu-spec CD2が主流となっている。図39にBlu-spec CD2解説ホームページに掲載されているスタンパーの解説とジッターの解説図を示す。

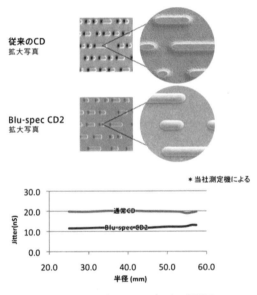

図39　Blu-spec CD2スタンパー、ジッター解説図

　スタンパーはデジタル信号ピットを記録するLPレコードの音溝に相当する重要な部分である。記録ピットの比較を見ると確かにBlu-spec CD2の方がクリアーであるが、読み取り精度と音質への影響については不明確である。ジッターはクロック信号のランダムに変化するタイミング誤差（詳しくは後述）で、理想はゼロであるが、実際にはアプリケーション毎に相応のジッターが存在する。PCM信号のデータには理論的には影響しないは

ずであるが、タイミング要素での音質への影響は多少あるかも知れず、Blu-spec CD2で
の効用もあると思われる。マスター音源の改善効果がないことは他の高音質CDと同じで
ある。図40にBlu-spec CD2のクラシックアルバム例を示す。

　Blu-spec CD2も他の高音質CDと同様にユーザーに浸透しているというイメージはほと
んどない。アルバムのほとんどはCDDAからの再発であるので、クラシックやジャズの
名盤といわれているものの再発が多い。すなわち、マスター音源は同じである。ユーザ
ーとしては所有CDDAとの音質比較ができるメリットがある。また、僅かな音質差でも
CDDAよりいい音として聴いてみたいというユーザーが購入層と思われる。

図40　Blu-spec CD2　クラシックアルバム例

　これらの高音質CDは開発/販売企業と団体において独自にフォーマット・ロゴマークが
設定されている。これらの高音質CDアルバムのジャケットにはそれらロゴマークが表示
されており、CDDAを含めたロゴマークを図41に示す。

図41　CDDA、各高音質CDフォーマットのロゴ

2-3. DVD、Blu-ray

　DVD（Digital Versatile Disc）とBlu-ray（ブルーレイ）は映像信号とデジタル音声信号が記録されたディスクであり、オーディオ部分はリニアPCM信号の他、Dolby-AC3等のマルチチャンネル対応のフォーマットに対応している。ハイレゾは音楽ファイル形式でのものあるが、DVD、Blu-rayはCDDAと同じサイズのディスク形式であることが特徴である。当然その再生にはDVDプレーヤー、Blu-rayプレーヤーが必要となる。

●DVD

　DVDもCDファミリーと同様に多くのファミリーが存在するが、レンタルビデオ店で扱われている映画タイトル等は"DVD-Video"である。音声（音楽）はCDDAと同様の16ビット/fs＝48kHzのPCM信号かドルビーデジタル、DTS等のマルチチャンネルフォーマットであり、ホームシアターとしてユーザーに定着している。1999年に制定された"DVD-Audio"では、24ビット/fs＝192kHz・2チャンネルまたは、24ビット/fs＝96kHz・5.1サラウンドチャンネルといった現在のハイレゾと同じ高品質レベルのデジタルオーディオの記録が可能である。再生にはDVD-Audioに対応したDVDプレーヤーが必要であり、相応の性能を有したDVD-Audioプレーヤーも発売された。現在、新発売されるDVD-Audioはソフト、ハード共にほとんど無く、フォーマットとしてはハイレゾと同じ高音質であるので残念な結果となっている。

　図42に日本コロムビア（当時）で発売されたDVD-Audioアルバムの一例を示す。コメントにある通り、24ビット/fs＝192kHz、2チャンネルSTEREOで録音されており、発売時期は2003年10月ととなっている。10数年も前にディスク形式かファイル形式かの違いはあるものの、現在のハイレゾ音源があり再生可能であったのである（もちろん当時はハイレゾという言葉は存在しなかったが）。

図42　DVD-Audio　アルバム例

前述の通り、DVDにおいてもCDファミリーと同様にDVD-Video、DVD-Audioといったファミリーがあり、DVD-AudioとDVD Videoのロゴマークを図43に示す。DVD-Audioのロゴマークのついたアルバムは現在レコード店で見かけることはほとんどないが、興味のある方は中古レコード店等で探してみていただきたい。

図43　DVD-Audio・ロゴマーク

　DVD Videoではマルチチャンネル再生が可能であり、5.1チャンネルをベースにより多チャンネル化されたフォーマットも多く存在する。現在の主流はDolby Laboratories, Inc.が開発したDolby Digital AC3（Audio Code number3）とDTC Inc.が開発したDTS（dtsと小文字表示されることもある）となっている。音質的にはDTSの方がDolbyに比べて圧縮率が低いので優れていると言われている。それぞれのフォーマットには次に掲げる通り多くのファミリーがある。
＊Dolby Digital AC3
　Dolby Atmos、Dolby TrueHD、Dolby Digital Plus、Dolby Digital、Dolby Surround
＊DTS7（dts）
　DTS:X、DTS-HD Master Audio、DTS-HD High Resolution、DTS Express、DTS ES Matrix 6.1、DTS ES Discrete 6.1、DTS 96/24、DTS Digital Surround、DTS Neo:6（Music／Cinema）
　Dolbyの代表例としてDolby DIGITAL、DTSの代表例としてDTS-Xのロゴマークを図44に示す。

図44　Dolby DIGITALとDTS Xのロゴマーク

　マルチチャンネル再生で最も標準的なDolby AC3 5.1chでは、チャンネル数はシステム合計6チャンネルで6個のスピーカーを必要とする。図45に5.1ch再生におけるスピーカー配置例を示す。マルチチャンネルでのオーディオ再生という要素よりはホームシアターとして臨場感のある再生要素の色が濃いものである。

2 デジタルオーディオ・フォーマット

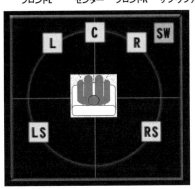

図45　5.1ch再生スピーカー配置例

　ホームシアター/マルチチャンネル再生にはAVアンプまたはAVレシーバーというカテゴリーの多チャンネルアンプ（DolbyやDTSのデコーダー機能内蔵）が必要となる。図46にヤマハのAVレシーバー、RX-A870の外観図を示す。リアパネルには多くのインターフェース機能コネクター類が配置されているが、スピーカー端子は9系統分配置されている（当アンプのアンプチャンネル数は7チャンネル）。

図46　ヤマハ　RX-A870の外観図

45

● Blu-ray

 とあるブルーレイレコーダー（プレーヤー）のTVCMが頭に浮かぶが、Blu-rayはDVDの後継として開発され、規格はBlu-ray Disc Associationが策定している、ディスクサイズはCD、DVDと同じであるが記録容量はDVDの約5倍（DVD1層4.7GBに対してBlu-ray1層は25GB）の大容量記録が大きな特徴である。この仕様によりハイビジョン対応画像となりDVDに比べて高画質であることが特徴であるが、音声（音楽）部分では5.1ch・マルチチャンネルをPCMフォーマットで記録できることやDVDより高性能なDolby Digital Plus等のフォーマットに対応できることが特徴となっている。いずれにしてもBlu-rayはDVD Videoと同様に映像メイン、ホームシアター再生をメイン機能とするフォーマットである。

 DVD Videoに対するDVD-Audioと同様に、Blu-rayにおいてもハイレゾ対応高品質オーディオ再生に特化したBlu-ray Disc（for）Audioといったフォーマットが2013年に開発された。図47にBlu-ray Disc Audioのオーディオ記録イメージと記録可能なフォーマットを示す。

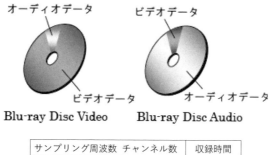

図47 Blu-ray Disc Audioの概念の記録フォーマット

 本資料は日本オーディオ協会の会員誌『Jas Journal』Vol. 54に掲載されたBlu-ray Disc Audioに関する解説記事から引用させていただいた。いずれにしろ、PCMのハイレゾ対応フォーマットが長時間記録できることはメリットであるが、問題は再生機器である。汎用のブルーレイディスクプレーヤー（デコーダー）はハイレゾフォーマットに対応していないので、ハイレゾフォーマットに対応したブルーレイディスクプレーヤー/デコーダーが必要となる。

2 デジタルオーディオ・フォーマット

図48にBlu-ray Disc Audioに対応したマルチプレーヤー、OPPO DIGITALのBDP-103JPの外観図を示す。同社の製品解説で当モデルはUniversal Network 3D Blu-ray Disc Playerと呼称されており、通常のDVD VideoやBlu-rayにも対応しているが、同社製品情報では生産終了モデルとなっている。DVD-Audioプレーヤーと同じ道を歩まないか、やや心配である。

図48　DP-103JP外観図

図49にBlu-ray Disc Audioのアルバム例を示す。当アルバムの発売元は㈱ハピネットである。アルバム解説を見れば明らかであるが、フォーマットとして24ビット/96kHzおよび24ビット/192kHzの高音質フォーマットで記録されているが、録音は古くアナログマスターからのリマスタリング盤である。

図49　Blu-ray Disc Audioアルバム例

図50にBlu-ray Discのロゴマークを示す。Blu-ray Disc Audioにロゴマークはなく、Blu-ray Disc Audio表記とロゴを併用している。

図50　Blu-ray Discロゴマーク

47

2-4. デジタル放送

　デジタル放送は、地上波デジタルTV放送とBS、CSに代表される衛星デジタル放送が存在する。いずれの場合も音声はMPEG2-AACという圧縮方式を用いているが、BSの初期の頃は16ビット量子化・fs＝48kHz/32kHzのリニアPCMでの放送もあった。従って、現在デジタル放送でCD-DA以上の音質を期待することは原理的に不可能となっている。

　ミュージックバードは高音質衛星デジタル音楽放送として、2016年からリニアPCM、24ビット/fs＝48kHzフォーマットでの放送をスタートさせている。このフォーマットを享受するには当然受信機（チューナー）を24ビット/fs＝48kHzに対応しているモデルに更新しなければならない。図51にミュージックバードのホームページにおける24ビット放送のリストを示す。

```
<24bitで放送中！>
・「極上新譜24bitクラシック」（124ch） NEW!
・「WORLD LIVE SELECTION」（121ch）
・「トッパンホール・トライアングル」（121ch）
・「ハイレゾ・クラシック by e-onkyo music」（121ch）
・「24bitで聴く名盤セレクション」（121ch）
・「夜とポスト・クラシカル」（121ch）
・「24bitで聴くJAZZ」（122ch）
・「24bitで聴くクラシック」（124ch）
```

図51　ミュージックバード・24ビット放送リスト

　同様に、図52に24ビット/48kHzフォーマットに対応する港北ネットワークサービスのCSチューナ、C-T100CSXの外観図とスペック抜粋を示す。D/A変換部のスペック表示でS/N比が120dBで規定されているが、デジタル理論値の可能性が多い。

音声出力端子	アナログ（RCA）	2系統（2V RMS）
	同軸デジタル	1系統
	光デジタル	2系統
D/A変換部	24bit 48kHz / 96kHz、S/N比 120dB	
内部動作モード	サンプリング周波数 48kHz（工場出荷時 48kHz）と 96kHz から選択	

図52　C-T100CSXの外観図とスペック抜粋

2-5. 音楽ファイル

　音楽ファイルはCDDA等のディスクメディアと異なり、パソコンにおける多くのファイルと同じ用に「音楽情報が記録されたファイル」で、専用の拡張子を持つ。代表的なものは、携帯、スマホ、ポータブルプレーヤー等に用いられているiTunesメディアにおけるMP3（MPEG Audio Layer3）がある。あまりの音楽ファイルの多さにエンドユーザーが混乱するケースも多々見かける。音楽ファイルの相互変換ソフトもフリーソフトとしてネットから入手することが可能である。

　ハイレゾでは主に、"WAV"、"FLAC"が用いられている。これらの各音楽ファイルとその特徴については後述する。これらの音楽ファイルは大別すると、音楽記録情報の圧縮/非圧縮により次の分類がある。

＊非圧縮方式：元信号（PCM）をそのまま非圧縮で記録する方式。
＊非可逆圧縮方式：元信号を所定のアルゴリズムで圧縮記録する方式で、再生時は圧縮前の品質から劣るオーディオ性能となる。
＊可逆圧縮方式：圧縮方式であるが、再生時に圧縮前の品質、オーディオ性能を復元できる方式。

　圧縮の目的はファイルサイズの低減にある。例えば、CDDAのアルバム（リニアPCM）をそのままPCに取り込むと710MBとなるが、MP3フォーマットで取り込むとそのファイルサイズは65M程度となり、CDDAの1/10のファイル容量で取り込み（保存）が可能となる。HiFiオーディオで用いることはほとんどないが、ゼネラルオーディオ、ポータブルオーディオ分野では必要不可欠となる。図53に音楽ファイルのデコード/エンコードの概念を示す。同図は㈱インプレスのWeb、AV Watchのハイレゾ解説から引用させていただいた。

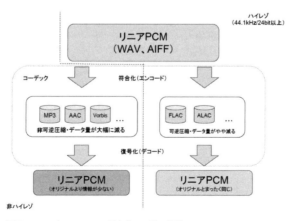

図53　ファイルエンコード/デコードの概念

表1に主要な音楽ファイルの一覧を示す。現在ハイレゾフォーマット（24ビット量子化、fs＝96kHz/192kHz等）に対応しているのはWAVとFLACの両フォーマットである。FLACは圧縮方式でも可逆圧縮であることからハイレゾでも対応可能となっている。

表1 主要音楽ファイル

ファイル名	方式	主アプリケーション	ハイレゾ対応
WAV	非圧縮	Windows標準オーディオ	○
FLAC	可逆圧縮	オープン・マルチメディア	○
AIFF	非圧縮	マックPC標準オーディオ	×
WMA	非可逆圧縮	マイクロソフトオーディオ	×
MP3	非可逆圧縮	ネット配信、ポータブル	×
AAC	非可逆圧縮	ネット配信、デジタル放送	×

表1には記載していないが、最新ファイル形式にMQA（Master Quality Authenticated）という独特の方式を有するものも着目されてきている（詳しくは後述）。

オーディオファイルは目的に応じて変換ソフトによってWAVからMP3等のファイル形式の変換が可能である。フリーソフトとしてダウンロードできるものと、ネット上でOnline変換できるケースもある。図54に123appsというOnlineファイル変換サイトの変換実行画面表示を示す。この例では、①ファイルを開くをクリックしてで元の音楽ファイルを特定、②変換ファイル形式を選択して、③変換をクリックすることによりOnlineファイル変換を実行することができる。

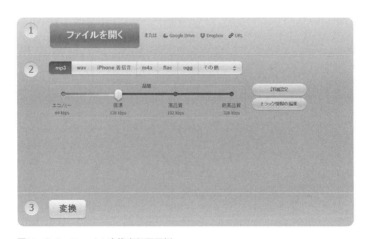

図54 Onlineファイル変換実行画面例

2-6. DSD (Direct Stream Digital)

　DSDはソニーとフィリップスにより開発された、ΔΣ変調をベースとするデジタルオーディオの一方式で、音楽マーケットではSACD（Super Audio CD）に用いられている。SACDディスクはCDDAと物理的には同じサイズであるが互換性はなく、SACD対応のプレーヤーでないと再生することはできない。また、CDDAとSACDとのハイブリット構造、CDDAの記録面とSACDの記録面が同一ディスクに収められているハイブリットディスクも存在する。この場合はCDまたはSACDどちらかのプレーヤーを持っていれば再生可能となる。最近のディスク系再生プレーヤー、特に中～高級モデルではCDDAとSACDどちらにも対応している機器が多くなっている。

　DSD（SACD）の物理的、電気的仕様は「スカーレットブック」で規格化されており、その主要スペックは次の通りである。
＊量子化ビット数：1ビット
＊サンプリングレート：2.8224MHz（fs：44.1kHz×64倍）
＊信号チャンネル：2チャンネル・STEREO
＊ディスクサイズ：CDDAと同じ

　図55にDSD（SACD）の録音再生信号ストリーム概要を示す。同図で示す通り、DSDにおいてはA/D変換（ΔΣ変調器によるアナログ-デジタル変換）した1ビット信号をそのままSACDディスクに記録し、再生時はアナログFIR（Finite Impulse Response）フィルターにてアナログ信号に変換する方式である。ΔΣ変調器の動作サンプリングレートはfs＝44.1kHzに対して標準×64fs（44.1kHz×64＝2.8228MHz）で動作するのでこれがそのまま信号レートとなる。DSDをハイレゾに定義されるかは明確でないが、ファミリーとしてとらえても構わない。

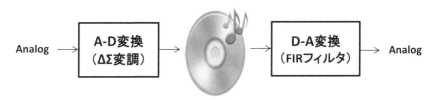

図55　DSD信号ストリーム概要

　SACD（DSD）で最も誤解されているのが周波数特性である。図56にSACD（DSD）の録音/再生信号フローの詳細を示す。基本的には図55と同じであるが、周波数特性に関する決定要素についてPCMとの違いを示している。×64fsでΔΣ変調された1ビット/64fs信号は途

中に周波数制限要素がないので、サンプリング定理により、64fs/2＝32fs（約1.4MHz）までが理論帯域幅となる。PCMの場合は1/64デシメーション・デジタルフィルターにより理論帯域幅（周波数特性）はfs/2に制限される。1ビット・64fs信号の再生、DSD-アナログ変換はアナログFIRフィルターで実行される。

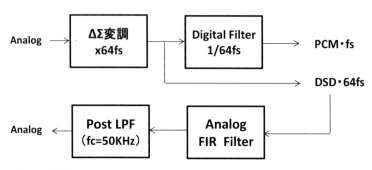

図56　DSD信号ストリーム詳細

アナログFIRフィルターでオーディオ信号に変換された信号はfs〜32fsに分布するΔΣ変調量子化ノイズはポストLPFを用いてある程度除去される。このポストLPFがSACD（DSD）再生での周波数特性を決定している。そして、規格書スカーレットブックでは周波数50kHzで−3dBの減衰特性を有するLPFが推奨されている。すなわち、SACD（DSD）の周波数特性は特別な場合を除いて50kHzになる。一部SACD解説等では100kHzの信号帯域幅を有する等表現されるケースもあるが、確かに100kHzの領域でもDSD信号自体に制限要素はないものの、ポストLPFでの帯域制限/周波数特性については触れていないことがユーザーに誤解を与えている。

図57にSACDとDSDのロゴマークを示す。

図57　SACDとDSDのロゴマーク

DSD信号はここ数年サンプリングレートの倍数化が実施されており、標準DSD（64）に対して次のフォーマットも存在する。
＊DSD128（サンプリングレート：128fs＝44.1kHz×128＝5.6448MHz）
＊DSD256（サンプリングレート：256fs＝44.1kHz×256＝11.2896MHz）

これらDSD128/256フォーマットはSACDでは対応していないので、音楽ファイル形式で記録されている。CDDAに対するハイレゾ版と同様にSACDに対するハイレゾ版的な存在である。DSD信号はPCM信号と異なりミキシング等の信号処理ができない（一部可能となった機材も出現している）ので、フォーマットとしてのDSDであっても録音編集工程や再生時にDSD-PCM変換を実行しているものがあり、DSD-PCM変換をしていないDSDをNative DSD等と呼称するケースもある。フォーマット表記ではDSD・5.6M、DSD・11.2Mと表示されるケースもある。

2-7. ハイレゾ (Hi Resolution Audio)

ハイレゾは本書のメインコンテンツであり、第4章で詳しく解説するが、デジタルオーディオ・フォーマットのひとつでもあることから本項で簡単に解説する。

ハイレゾは音楽ファイル形式で前述の通り、WAV、FLACといった音楽ファイルで記録/保存されている。ハイレゾの定義はJEITAで定められ、オーディオ協会では基本的には同定義であるが、デジタル/アナログ特性としての要求仕様が追加されている。一般ユーザーが「これがハイレゾである」と判断するには、

＊PCM信号の量子化分解能と基準アンプリングレート・fsのいずれかがCDDAフォーマット）以上の特性フォーマットであるもの。

＊ここでのCDDAフォーマットは、16ビット量子化分解能、基準サンプリングレート・fs＝44.1kHz/48kHzである。

について確認することで判断できると理解していただきたい。現行存在するハイレゾ音楽ファイルのフォーマット例を次に掲げる。

#1　16ビット量子化分解能、基準サンプリングレート・fs＝88.2/96kHz

#2　16ビット量子化分解能、基準サンプリングレート・fs＝176.4/192kHz

#3　20/24ビット量子化分解能、基準サンプリングレート・fs＝44.1/48kHz

#4　20/24ビット量子化分解能、基準サンプリングレート・fs＝88.2kHz

#5　20/24ビット量子化分解能、基準サンプリングレート・fs＝962kHz

#6　20/24ビット量子化分解能、基準サンプリングレート・fs＝176.4kHz

#7　20/24ビット量子化分解能、基準サンプリングレート・fs＝192kHz

この内、上段#1〜#3の3つのフォーマットは量子化分解能または基準サンプリングレート・fsのいずれかがCDDAフォーマット以上の高性能フォーマットである。

下段#4〜#7の4つのフォーマットは量子化分解能、基準サンプリングレート・fs共にCDDA以上の高性能フォーマットとなっている。

勿論現在流通しているハイレゾは下段#4〜#8の4つのフォーマットのいずれかである

のがほとんどである。CDDAフォーマット以上の特性という定義から、例えば、24ビット/fs＝32kHz、14ビット/fs＝96kHz等のフォーマットはハイレゾには分類されない（実際にこの例のようなフォーマットはほとんどないが）。音楽ファイル形式としては前述で述べた通りWAV、FLACの両ファイル形式がほとんどである。また、詳しくは第5章で解説するが、マスター音源がハイレゾ対応していないリマスタリングによるハイレゾアルバム/ソフトも多くあることを知っておくべきである。図58にハイレゾのロゴマークを示す。

図58　ハイレゾ・ロゴマーク

　ハイレゾの再生には簡単に表せば、「音楽再生ソフトの導入」、「配信サイトでのハイレゾソフトの購入」、「ハイレゾ対応再生機器の導入」をそれぞれ実施することで可能となる。

　図59に「価格ドットコム」ホームページにおけるハイレゾ導入の手引での音楽ソフトと配信サイトについての表示例を示す。

●主なハイレゾ音源再生ソフト

デバイス	対応OS	ソフト名
PC	Windows	foobar2000 ▶
		MedeiaMonkey ▶
	mac	VOX: MP3 & FLAC Music Player ▶
スマートフォン	Android、iOS	HF Player ▶
		NePLAYER ▶
	Android	Rocket Player ▶

●主なハイレゾ音源購入サイト

レコチョク	▶
e-onkyo music	▶
mora	▶
OTOTOY	▶
music.jp	▶
オリコンミュージックストア	▶

図59　ハイレゾ導入手引きの情報例

Chapter 3

音楽ソフトの制作

> 3-1. レコーディング/ミックスダウン
> 3-2. マスタリング
> 3-3. アナログとデジタル～オーディオ特性について

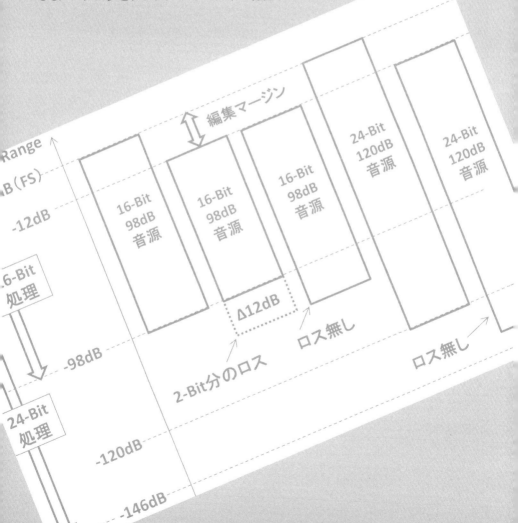

3 音楽ソフトの制作

　本章ではCDDA、DSD、ハイレゾ等の音楽ソフトの制作に関してのハードウェア技術を中心に解説する。あえて音楽ソフトの制作について触れるのは、ハイレゾフォーマットという高音質ソフトがその高性能フォーマットに対応したハードウェアを中心とした録音/制作スペックとなっているかを検証する意味も含めている。多くのHiFiオーディオユーザーはCDDAのアルバムやLPレコードにおいて音質について良い/悪い感想を持った経験を有しているはずである。CDDAの同一アルバムにおいても再発での発売元や発売時期により音質が異なるのは事実である。結論から言えば、この音質の違いはCDDA制作時のマスタリングの違いに起因している。CDDAフォーマットとしては同一であるにも関わらずこうした音質の差異があることは、ハイレゾという高音質/高性能フォーマットでも同様にレコーディングを含めたハイレゾアルバムの制作マスタリングで音質の優劣が生じることとなると簡単に想像できる。こうした意味でも音楽ソフトの制作についての基本的な理解は必要であり、ハイレゾを正確に理解するうえで重要な要素でもある。

　音楽ソフトの制作工程としては、新規制作の場合はレコーディング、ミックスダウン、マスタリングの各工程で実施される。

　図60にレコーディング〜ミックスダウン（ミキシング）〜マスタリングの各工程フローの概念（簡略化したもの）を示す。

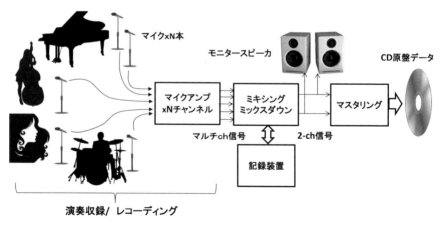

図60　レコーディング/ミキシング/マスタリングの流れ

3 音楽ソフトの制作

3-1. レコーディング/ミックスダウン

　一般的な音楽アルバムは録音スタジオで録音マスターが制作され、量販のためのCDDAプレスは専門工場で行われる。本項では録音スタジオで行われるマスター制作までの工程について解説する。

●レコーディング〜ミックスダウンの概要

　スタジオ録音におけるアルバム制作例として、オーソドックスなジャズヴォーカルアルバム、ピアノトリオ(ピアノ、ベース、ドラムス)＋ヴォーカルのアルバム制作を取り上げる。この例のレコーディングでは最初に各楽器の録音用に複数のマイクロフォンが用意される(例えば、ピアノ4本、ベース2本、ドラム5本、ヴォーカル1本等)。マイクロフォンの選択と位置決めは録音テクニックとして非常に重要なファクターである。それこそレコーディングエンジニアの腕の見せ所であるが、それは録音をテーマにした書に譲り、ここではマイクで集音したオーディオ信号のフローを中心に解説する。

　各マイクで集音した演奏は電気信号(オーディオ信号)に変換される。この例では合計12本のマイクを用いているのでオーディオ信号チャンネルはトータル12チャンネルとなる。各マイクロフォンの信号レベルは適正レベルに調整されるとともにモニターリング(演奏者にモニターヘッドフォン等で録音時の音をフィードバックする)の目的も含めてSTEREO・2チャンネルにミキシングされる。この一連の作業がレコーディングとミキシングであり、両者は同一現場にて同時進行で行われる。ミキシングは暫定的な処置で、各チャンネルでのL/Rバランス処理、イコライジング等の各種の処理を実施してSTEREO・2チャンネル信号のマスターを制作するのがミックスダウンである。**図61**にミックスダウンの信号フロー概念を示す。

　楽器演奏/ヴォーカルは音波信号であるが、各マイクロフォンによってアナログ電気信号(オーディオ信号)に変換される。一般的にマイクロフォンの出力信号レベルは小さいので、マイクプリアンプによってある程度のレベルにまで増幅される。また、コンプレッサー、イコライザー等の信号処理機器が併用される(**図61**においてはMXで表示)。レベル調整と同時に各チャンネルの信号は記録装置(昔はプロ用テープレコーダー、現在はハードディスク等のデジタル記録媒体)に記録され、各チャンネルの信号を適切なレベル配分でLチャンネルとRチャンネルに配分し、12チャンネルの信号をSTEREO・2チャンネル信号に変換される。この工程を一般的にはミキシングと呼称し、録音現場では2チャンネル信号への変換作業をミックスダウンと呼称している。**図62**に専用ソフトウェアによるミックスダウン作業画面表示例を示す。この例では、マイク入力のレベル調整はフェーダで実行、L/Rchの配分はパンで実行する。

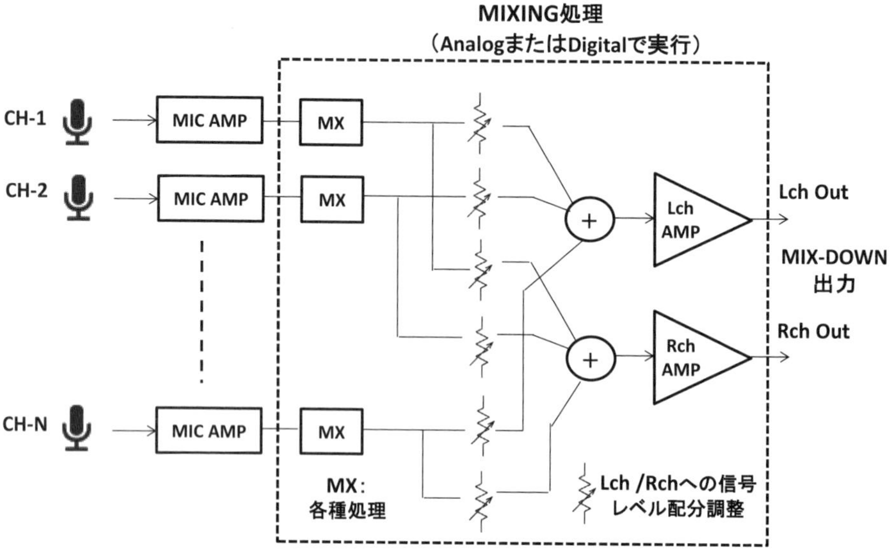

図61 ミックスダウン信号フロー概念

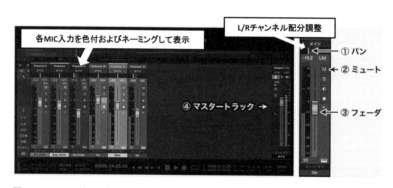

図62 ミックスダウン作業画面表示例

●ミキシング機器

　ミキシング（ミックスダウン）されたSTEREO・2チャンネル信号はモニタースピーカを通して各チャンネルレベルやLch/Rchの分配等が適正か判断しながら最適な状態に設定/調整されることとなる。マイクアンプ機能は特殊な場合を除いてアナログ信号処理であるが、ミキシングはアナログ信号で実行する場合と、マイクアンプ出力信号をダイレク

3 音楽ソフトの制作

トにデジタル変換してデジタル信号で実行するふたつのケースがある。

いずれの場合も記録媒体にデジタル信号として記録するにはデジタル化（A/D変換）しなければならない。アナログミキシングの場合はミキシング後にデジタル化する。これらの作業を実行するスタジオ用機器がミキサーで、アナログ信号でミキシングを実行する機器が「アナログミキサー」、ミキシングからデジタル処理で行う機器が「デジタルミキサー」である。また、ミキシング/記録と同時に各種の信号処理動作をデジタル領域で実行する機器も多くあり、これを「デジタルコンソール」と呼称している。最近の録音現場ではデジタルコンソール機器は標準的に用いられている。これらのハードウェアとしてのミキサー関連機器は多くあり、どの機器を選択するかはレコード会社、録音スタジオによって異なるが、一般に開放している録音スタジオでは「定番」と呼ばれている機器を常設していることが多い。デジタルミキサーの例として、図63にヤマハの高性能デジタルミキサーシステム・PM10のコンソール部、CS-R10-Sの外観図を示す。

図63 ヤマハ CS-R10 -S外観図

レコーディングおよびミックスダウンは次工程に渡る前のSTEREO・2チャンネル音源のマスターを制作することでもある。音楽ソフト制作において各楽器の音質傾向、楽器の響きや残響、周波数バランス、音量バランス、左右の定位等、音楽音源として非常に重要な要素を決定する非常に重要な工程となる。一般的に音が良いとされているアルバムはレコーディングが優れているのは当然である。ハードウェア機器のオーディオ特性スペックの限界がある中で、いかに最良の状態でレコーディングができるかがレコーディングエンジニアの優劣となることになる。

ミックスダウン工程および後述するマスタリング工程において、使用頻度の高い信号（音響）処理のひとつにコンプレッサーがある。コンプレッサーはアウトボードという専用の

59

ハードウェア機器で実行するのものと、プラグインソフトでのソフトウェア処理で実行するものがある。**図64**にコンプレッサーの動作概念を示す。

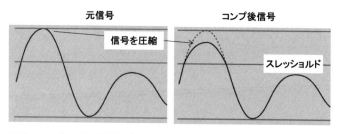

図64 コンプレッサー動作概念

コンプレッサーはその意味の通り信号の圧縮であり、設定したスレッショルドレベルを超えたレベルの信号に対して設定比率（1：2とか1：10）に応じた圧縮を実施する。
　このコンプレッサーの使用目的はエンジニアにより表現に違いはあるが次の通りである。
＊平均化：音量バラツキを平均化し聴き易くする。音量のレベル差を小さくする。
＊迫力補正：音圧を稼ぎ迫力ある音にする。
＊アタック感補正：音の粒を揃え、音の距離感を調整する。
＊余韻補正：音の余韻を補正することにより奥行きやグルーヴをコントロールする。
等が掲げられる。また、コンプレッサーの動作設定パラメーターとしては次のようなものがある。
＊スレッショルド：しきい値。入力信号がこの値を超えるとコンプレッサー機能が動作し、この値以下では信号はスルーで何の処理も実行しない。
＊レシオ：しきい値（スレッショルド）を超えた信号の圧縮比率。
＊アタックタイム：信号がしきい値（スレッショルド）を超えてからコンプレッサーが作動するまでの時間。
＊リリースタイム：信号がしきい値（スレッショルド）を下回ってからコンプレッサー機能が停止するまでの時間。

3-2. マスタリング

　音楽アルバム/ソフト制作において、「マスタリング」とは最終的にユーザーが手にする音楽アルバム/ソフトのマスターとなる音源の制作/編集工程と言う。例えばCDDA制作においては次の作業を実施する。
#1：アルバム内の各曲の総合的な音量バランスや、音圧レベル調整、ノイズ除去といっ

3 音楽ソフトの制作

たサウンドに関する編集処置
#2：CDDAに必要な曲数や曲の始まり/終わりを表すPQコードの埋め込み等、CDDA量産のための必要情報の設定処置

　マスタリングに関して「音のお化粧」と表現しているケースもあるが、本項では上記#1の音源編集をメインに解説する。マスタリングではマスタリング前の素材は前述のミックスダウンされた2チャンネル音源なので、各楽器のL/Rバランスを個別にレベルを調整するような編集は不可能であるが、ある程度の音響的な処理は可能である。制作音楽アルバム/ソフトのマスターとなることからレコーディング/ミックスダウンと同様に重要なものである。既存の音楽マスター素材からアルバム再発用等の目的で新たにマスタリング作業をすることを「リマスタリング」と称する。ジャズアルバム等ではアナログテープマスター（LPレコードで発売済み）や初版のデジタルマスターからのリマスタリングされたアルバムも多く発売されている。マスタリング毎に音質が異なるのも事実であり、逆に言えばマスタリングがいかに重要であるかの証明にもなる。

　図65にマスタリング作業のイメージ写真を示す。同図はジャズベーシスト、録音エンジニア、プロデューサー等の多足の草鞋を履き、ジャズ業界で大活躍中の塩田哲嗣氏のFacebookタイムラインから借用した。

　やりがいのある仕事であるが、素材を納得のいくレベルまでに仕上げるまでの苦痛、あるいは？の表情が垣間見ることができる。

図65　塩田哲嗣氏のマスタリング

61

●マスタリング手順

　マスタリングに関する作業/工程に関するワードは、業界での通称で統一されている規格はないのが解説を難しくするケースもある。マスタリング業者がその手順について解説しているを流用すると、次の手順がマスタリング作業となる。

＊Step-1　音源の修復

　ここでは、オリジナル・ミックスに入った雑音（カチッ、ポン、サーッといったヒスノイズなど）を修正する。また、マスタリング前の音を増幅させたときに目立ってしまう些細なミスも修正する。

＊Step-2　ステレオエンハンサー

　ステレオエンハンサーでは、オーディオの空間バランス(Lch /Rchのステレオバランス)を整える。このバランスを整えればミックスが広がり、音量が大きくなる。ローエンドにすれば、中央の音像が引きしまる。

＊Step-3　イコライザー (EQ)

　EQでは、スペクトルの不均衡を補正し必要な音を強調させる。音のバランスと配置に優れたマスタリングが理想で、具体的には、特定の周波数帯が突出しないようにする。総合特性としてのバランスの取れたオーディオ音源は、どのシステムで再生しても相応の優れたサウンドで聴くことができる。

＊Step-4　コンプレッション

　コンプレッションは前述のコンプレッサーを用いて、ミックスのダイナミックレンジを補正、改善し、音量の大きなパートを抑制しつつ、静かなパートを引き上げる。この工程により、オーディオ音源全体の統一感や聴き心地の改善が可能となる。コンプレッションは、バラバラでまとまりのないパート同士を接合するのにも役立つ。

＊Step-5　音圧

　マスタリングのプロセスにおける最終工程は、リミッターと呼ばれる特別なコンプレッサーである。リミッターでは全体の音圧を適正レベルに設定し、ピークの上限を定める。リミッターでは、音の歪みにつながるクリッピングなしに、トラックの音を大きくすることができる。

＊Step-6　量子化ビット数、基準サンプルレート・fsの変換

　サンプルレート変換やディザは最終出力するメディアによって異なる。たとえば、CDDAでリリースする場合は16ビット/fs＝44.1kHzに変換する必要がある。逆に言うと、このマスタリング作業を実行するフォーマットはハイレゾに対応している必要がある。

　図66にマスタリングによる編集トラックの波形例を示す。同図上はマスタリング前の元音信号波形で同図下はマスタリング（コンプレッサー等により）によって平均レベルを高

くした信号波形である。

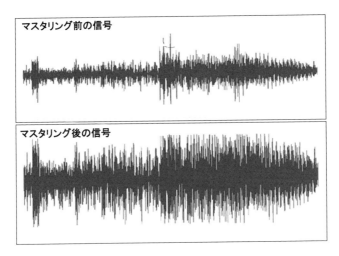

図66　マスタリング編集波形例

●マスタリング機材

　マスタリング作業での実際の編集作業は、DAW（Digital Audio Workstation）と呼称されるシステム化された機器（コントロールPCを含む）で実行される。DAW機器ではレコーディング、ミキシング機能を備えたものもあり、ワンシステムで制作の全てをカバーできるものもある。編集ソフトウェアとしては「Pro Tools」というDAW用ツールの総称が有名であり、ほとんどの制作現場で用いられている。これらのハードウェア/ソフトウェア技術の進歩は著しく、レコーディング/マスタリングエンジニアの習得レベルは制作品質にも影響する。

　図67にSadieブランド（英国Prism Sound）のオーディオワークステーションシステム、PCM8の外観図とその特徴（抜粋）を示す。

　本機はハードウェア（ソフトウェア内蔵）本体とハードウェアコントロール、液晶モニターで構成されるシステムである。ハイレゾとしては24ビット/96kHzフォーマットまで対応可能であり、アナログ入出力も備えている。

　本機に限らずマスタリングのツールには「プラグイン」という各種の音響処理が行える機能も有しており、その代表的なものを次に掲げる（呼称は統一されていないので一部機能的に重複するものも含む）。

- 8 inputs and 8 outputs
- real-time architecture
- up to 96kHz/24bit audio
- one button PQ editing
- AIFF, WAV, BWF file support
- professional plug-ins and DirectX support
- segment based automation
- optional hardware control interface with moving fader mixing
- multitrack editing
- project management
- background recording/backup

図67　SADIE PCM8外観図と特徴

＊ダイナミクス
＊リミッター、コンプレッサー
＊マルチバンド・イコライザー
＊エキサイター
＊イメージャー
＊マキシマイザー
＊ノイズ除去
＊ヴォーカルピッチ補正
＊フェードイン/フェードアウト

図68にプラグインソフトの例として、世界的なプラグインソフトデベロッパー、WAVEのWAVES SILVERを示す（機能は最低限必要なものに限られた廉価版で、高度な編集機能を有する高性能版もある）。

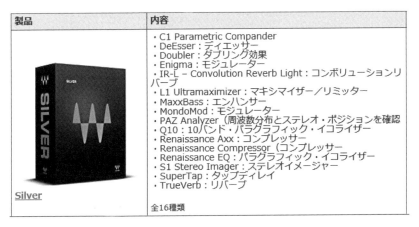

図68　WAVES SILVERとその機能

プラグインソフトは低価格の個人用途のものから高価格/高機能のプロユースのものまであり、ここで紹介したWAVES以外にも、I Zotope Ozone7、Brain Work bx_digital V3、Fab Filter ProL等非常に多くのものがある。マスタリングエンジニアによっては、これらの編集処理をデジタル領域（プラグインソフト）でするのが一般的である。これらの処理をデジタルではなく、音質傾向（音色）の個人的好みあるいはポリシーとアナログ領域（オーディオアウトボード）で実行するケースもある。また、これらの処理はマスタリング工程だけでなくミックスダウン工程においても必要に応じて実施される。

プラグインソフトのイメージを掴んでもらうために、実際のプラグインソフトでのコントロール画面例を示す。図69はF6　Floating Band Dynamic EQのイコライザーコントロール画面例である。

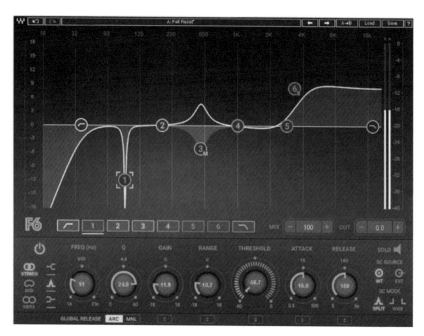

図69　F6 Floating Band Synamic EQの画面例

　図70にC1 Compressorのコンプレッサー編集画面を示す。
　こうした編集処置は、音楽アルバム/ソフトは多少の編集はしているかも知れないが、生音を何ら加工せずに記録していると思っているユーザーからは意外であると思われる。筆者自身もマスタリングに関して調査する中で、自然なサウンドと思っていたものが相当に編集されたものである可能性に驚きを隠せない。ハイレゾアルバム/ソフトもその音質はマスタリングの優劣で大きく影響することになる。

3 音楽ソフトの制作

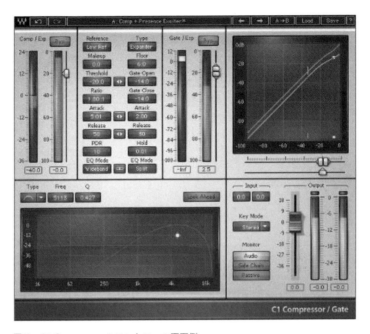

図70　C1 Compressorのコントロール画面例

図71にマスタリングスタジオの一例を示す。これはD-elfのホームページから借用した。

図71　マスタリングスタジオ

67

3-3. アナログとデジタル～そのオーディオ特性について

　CDDA、DSD（SACD）、ハイレゾ等の各フォーマットはデジタルフォーマットであるので、録音時にはA/D変換、再生時にはD/A変換が実行される、録音時のレコーディング、ミックスダウン、マスタリングの各工程でのアナログ信号処理とデジタル信号処理を区別すると、マスタリング工程はほぼデジタル領域での作業、レコーディングとミックスダウンはアナログ領域とデジタル領域の両方が存在するが、ミックスダウンの最終出力はデジタル（CDDAでは16ビット/fs＝44.1kHz・PCM）である。

　何故アナログとデジタルに触れるかというと、オーディオ特性スペックの決定要素を明確にするためのものである。アナログの場合はアナログ機器（マイク、マイクアンプ等）のアナログオーディオ特性でスペックが決まる。一方、デジタルの場合はA/D・D/A変換機器でのPCM信号フォーマット（量子化分解能と基準サンプリングレート・fs）で決定するデジタル理論特性と機器のアナログオーディオ特性の両要素でスペックが決定する。特に本書でのメインコンテンツとなるハイレゾにおいて、CDDAに比べてハイレゾ相応の電気的スペックを有するかは重要な検証項目となる。

　図72にレコーディングにおけるオーディオ総合特性（スペック）の概念を示す。ここでは、オーディオ特性の中でもノイズレベル（アナログ領域では熱雑音他の総合残留ノイズ、デジタル領域では量子化ビット数で決まる理論量子化ノイズおよびA/D（D/A）変換機器でのアナログノイズ）で決定するダイナミックレンジ特性・DRと周波数帯域幅・BWに着目して解説する。

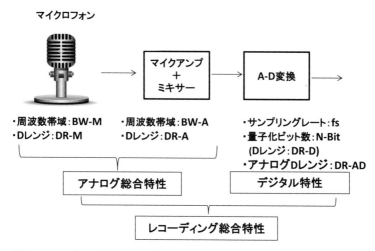

図72　レコーディング総合特性の概念

3　音楽ソフトの制作

●アナログ部特性

図72の概念図で示す通り、音の入り口であるマイクロフォンとマイクアンプはアナログ機器であり、録音可能な音のダイナミックレンジ（またはS/N比、単位dB）と周波数特性/帯域幅（単位Hz）はそれぞれのオーディオ特性スペックで決定される。

マイクロフォンではマイクロフォンのアナログオーディオ特性

＊ダイナミックレンジ・DR-M

＊周波数特性（帯域幅）・BW-M

マイクアンプではマイクアンプのアナログオーディオ特性

＊ダイナミックレンジ・DR-A

＊周波数特性（帯域幅）・BW-A

がアナログ部の決定要素となり、この両者でアナログ部としての総合特性が決定する。例えば、マイクロフォンのダイナミックレンジ、DR-M＝120dB、マイクアンプのダイナミックレンジ、DR-A＝110dBであれば総合特性はマイクアンプ特性で制限されることになり、アナログ部総合ダイナミックレンジ特性は110dBとなる。また、マイクロフォンの周波数特性、BW-M＝20kHz、マイクアンプの周波数特性、BW-A＝40kHzであれば総合特性はマイクロフォンの特性で制限されることになり、アナログ部総合周波数特性（帯域幅）は20kHzとなる。

すなわち、アナログ部総合特性としてはマイクロフォンとマイクアンプの性能バランスが重要である。特にマイクロフォンはダイナミックマイク、コンデンサーマイク等その方式、指向性や製造/販売メーカー、個別モデルにより音質面での「個性」があり、録音対象楽器/ヴォーカル等に対して最適なモデルの選択が重要となる。業界ではピアノ録音、ドラム録音、弦楽器録音、ヴォーカル録音等でそれぞれ定番と言われているマイクがあり、レコーディングエンジニアや演奏家はスペックよりも音色や表現力といった主観要素でマイクとマイクアンプを選択しているのが実態である。

前述の理由によりマイクロフォン（マイクアンプを含めた）部での総合オーディオ特性で制作アルバムの特性も制限されることになる。ハイレゾフォーマットでもマイクロフォン部の特性/スペックが相応でなければハイレゾに値するものにはならない。マイク部の総合ダイナミックレンジが90dBであったとすれば、ハイレゾ対応フォーマットであっても実際に録音される楽音のダイナミックレンジは90dB未満となる。

●マイクロフォン、マイクアンプの実特性

本項では実際のマイクロフォンとマイクアンプのオーディオ特性について検証する。音の入り口である当該機器の特性（スペック）は興味深い。

69

＊マイクアンプ例-1

図73に録音スタジオでほぼ常設されている定番的なマイクプリアンプ、AMS Neveの1073Nの外観図とスペック抜粋を示す。

▶ Frequency Response: +/-0.5dB 20Hz to 20kHz, -3dB at 40kHz Eq Out.

▶ Noise: Not more than -83dBu at all Line gain settings Eq In Flat/Out (22Hz to 22kHz bandwidth), EIN better than -125dBu @ 60dB gain.

図73　1073Nの外観図とスペック

　下段のスペック抜粋では周波数特性（Frequency Response）とノイズ特性（Noise）が規定されている。周波数特性は±0.5dBのフラットな帯域で20kHz、-3dB帯域、すなわち標準的な周波数特性スペックは40kHzとなっており、この点ではハイレゾ録音にも十分対応できるスペックと判断できる。

　ノイズ特性は、マイクのゲイン設定により規定レベルが異なり、基準信号レベルが記述されてないのでS/N比（ダイナミックレンジ）特性としての直接スペックはない。イコライザーを含めた（Eq In Flat/Out）最大ゲイン時でもノイズレベルは-83dBu以下、60dBゲイン時では-125dBu以下（Ein、すなわち入力換算雑音レベルと推測する）でそれぞれ規定している。0dBu＝0.775Vrms/600Ωであり、マイクの基準出力レベルを-30dBとした場合-125dBuのノイズレベルは95dBのS/N比であると計算できる。ダイナミックレンジ≒S/Nと判断すればハイレゾ録音にも十分対応できるスペックと言える。

＊マイクアンプ例-2

　同様に、スタジオ常備のマイクプリアンプ、AMEKのマイクプリアンプ、9098EQの外観図とスペック抜粋を図74に示す。

　同図下段スペック抜粋ではノイズ特性と周波数特性が規定されている。ノイズ特性は入力換算ノイズが-128dBu（66dBゲイン時）、出力ノイズが-100dBu（0dBゲイン）で規定されている。1073Nとの比較では入力換算ノイズは3dB低く、S/N比換算では98dBとなる。

3 音楽ソフトの制作

Noise - 150R source. Figures measured with RMS rectifier, 22Hz-22kHz filter

Equivalent input noise (66dB gain)	RMS	-128dBu
Output noise floor (0dB gain)	RMS	-100dBu

Frequency Response - measured from a 150R source driving an open circuit load.

0dB Gain	20Hz-20kHz	-0.1dB
	<10Hz and >110kHz	-1.5dB
66dB Gain	20Hz	-1.2dB
	20kHz	-0.5dB
	10Hz and >65kHz	-3dB

図74　AMEK 9098EQ外観図とスペック抜粋

周波数特性は66dBゲイン時でも−3dB周波数は65kHzで規定しており、ハイレゾと対応にも余裕のある十分な高帯域特性である。

＊マイクロフォン例-1

順番が逆になるがマイクアンプの次に録音スタジオに常設されているマイクロフォンの例を掲げる。マイクロフォン例-1として、ノイマン（NEUMANN）のコンデンサーマイクU87Aiの外観図とスペック（抜粋）を図75に示す。

■コンデンサーマイク
■ニッケル
■指向性切替式（無指向性、双指向性、単一指向性）
■周波数特性：20Hz-20kHz
■最大SPL：127dB SPL/117dB(単一指向性)
■SN比：80dB
■出力インピーダンス：200Ω
■電源：ファンタム48V±4V
■サイズ・重量：径56mm、全長200mm・500g

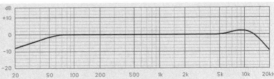

図75　U87Aiの外観図とスペック

当該マイクロフォンはコンデンサー型マイクロフォン（マイク動作にはファンタム電源という外部電源を必要とする）で、指向性切り換え機能を有する。周波数特性は20Hz〜

71

20kHzで規定されているが、−3dB特性なのかは規定されていない。周波数特性グラフ（元図が不鮮明なので見にくいのはご容赦いただきたい）では−3dB周波数は15kHz前後に読み取れるのでスペック値と特性グラフは一致しない。S/N比は80dBで規定されている。測定条件が不明であるが、80dBという数値は物足りなさを感じる。最大SPLが単一指向性時で117dBと他のコンデンサー型マイクと比べるとかなり低いレベル（他は140dB前後）ことが起因していると思われる。但し、当マイクロフォンはあらゆるジャンルの録音に長年愛用されてきているという事実から、前述したとおり、当マイクロフォンの音色（音質）の主観的に優れた（好まれる）個性が優先されているものと思われる。現場ではノイズもほぼ気にならないレベルであるのだろう。

＊マイクロフォン例-2

同様に定番マイクロフォンである、AKGのコンデンサー型マイクロフォンC414の外観とスペックを図76に示す。

同図において、周波数特性は20Hz〜20kHzで規定されているが、U87のケースと同様に−3dB帯域の周波数条件かは記載されていない。しかし、周波数特性グラフから読み取れば−3dB周波数と判断することができる。ノイズ特性は等価雑音レベル＝6dB（SPL）で規定されている。最大音圧レベルの140dB（SPL）を0dB基準とすると、140−60 ＝80dBのS/N比＝ダイナミックレンジ特性と計算することができる。

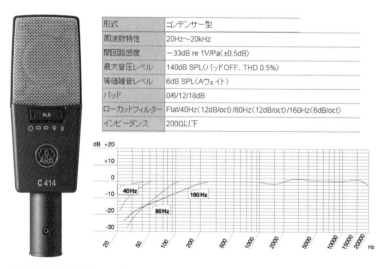

図76　C414の外観とスペック

3 音楽ソフトの制作

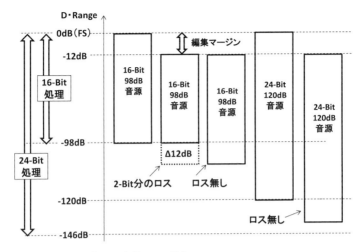

図77　マスタリングによる信号ロスの概念

●デジタル部特性

　図72の概念図でデジタル部はA/D変換の基本特性を代表して示している。デジタルオーディオにおける基本理論通り、A/D変換では量子化ビット数で前述の式-8デジタル理論ダイナミックレンジ・DR-Dが、基準サンプリングレート・fsで前述の式-2により理論帯域幅BW（fs/2）がそれぞれ決定される。

　CDDAでのフォーマット、16ビット/fs＝44.1kHzではDR-D＝98（dB）、BW＝22.05kHzに理論特性が決定される。詳細には1-6項で解説した、デジタルフィルターの周波数特性で決定されることになるが、ここではフォーマットとしての理論値として解説した。

　ハイレゾ対応フォーマットでは、24ビットでの理論ダイナミックレンジはDR-D＝146（dB）となる。理論帯域幅はfs＝96kHzで48kHz、fs＝192kHzで96kHzとなる。実際の帯域幅ついては前述と同様にデジタルフィルター周波数特性で決定され。

　これらはデジタル領域でのデジタル理論値であり、実際にはA/D変換部のアナログ特性としてのダイナミックレンジ特性（図72のDR-AD）で実特性は大きく制限される。プロ/スタジオ用録音機器における標準的なダイナミックレンジ（DR-AD）特性のスペックは110～120dB程度である事実がある。120dBを超えるダイナミックレンジ特性スペックを有する機器は非常に限られ、24ビット量子化理論値の146dBとは大きくかけ離れている実態がある。

●総合特性

　図72に示す通り、録音時の総合的なオーディオ特性（スペック）は前述のアナログ部特性とデジタル部特性の総合で決定することになる。A/D変換以降のデジタル領域での信号処理は完全デジタル領域で実施されるのでデータのビット数が24ビットであれば実効的なロスはほとんど無視できる。例えば、24ビットデータの内、下位4ビットがなくなったとしても、24－4＝20ビットの理論ダイナミックレンジは146－24＝122dBであり、110～120dBの実質的な総合ダイナミックレンジ特性への影響は僅かであると言える。

　また、CDDAの場合は、最終的に16ビットデータとして出力するマスタリング操作がされるが、マスタリング工程（信号編集）を16ビットでするか24ビットでするかによって信号ロスの差異は大きくなる。図77にマスタリングによる信号ロスの概念を示す。

　図77ではマスタリング（ミックスダウンを含め）工程での音響編集でのロスについて16ビット処理で実行した場合と24ビット処理で実行した場合の差異について音源サイズ（実質ダイナミックレンジ）毎に示したものである。音源としては16ビット/98dBダイナミックレンジのものと24ビット/120dBダイナミックレンジのものを仮定している。

　デジタルでは信号レベルがフルスケール・0dB（FS）を超えると大きなノイズとなり、信号レベルがフルスケールを超えることは絶対避けなければならない。マスタリング工程では各種の信号処理を実施するので、当該機器でのフルスケールに対してマージンをとったレベル設定が実施される。同図の例では12dB（2ビット分）のマージン設定を行っており、このマージン設定により次に掲げる結果が得られることになる。

＊16ビット音源に対して、16ビット信号処理では12dBのロスが生じ、98dBのダイナミックレンジは86dBに縮小する。

＊16ビット音源に対して、24ビット信号処理では12dBのマージンをとっても、146dBのダイナミックレンジを有しているので一切のロスは発生せず、98dBのダイナミックレンジを維持できる。

＊24ビット音源に対して、24ビット信号処理が行われるので、120dBのダイナミックレンジを有する音源であっても、146dBのダイナミックレンジにより一切のロスは発生しない。

　従って、マスタリング工程での（デジタルでのレコーディング/ミキシングを含めて）24ビット処理は非常に有意義なものとなる。CDDAでは最終的に16ビット信号に変換されるものの、マスタリング工程で24ビット処理をすることにより信号ロスの発生を避けることができる。実際には、マスタリングでの各種イフェクト処理により16ビット処理でも信号ロスの影響は聴感上あまり感じないようにされている。当然、ハイレゾの24ビット・フォーマットにおいてもこのマスタリングでの信号ロスは24ビット処理であれば無視できるレベルであり、これはハイレゾの大きなメリットのひとつとも言える。

APPENDIX-2

　マスタリング作業はPCMフォーマットで実行するが、DSDフォーマットはその信号形式によりPCMで実行できる編集/マスタリング作業ができない（最近は一部可能なものもあるが）。従って、DSD録音した音源でマスタリング作業をするには、DSD-PCM変換を実行してPCMフォーマットでマスタリングした後に再度PCM-DSD変換して最終的にDSDフォーマットとするのが一般的な対応である。図78にDSDレコーディング機器の例として、タスカムのDSDレコーダー、DA-3000の外観図とスペック抜粋を示す。DSDの項でも解説したが、周波数特性はスカーレットブック推奨と同じく、-3dB帯域で50kHzがスペック規定されている。

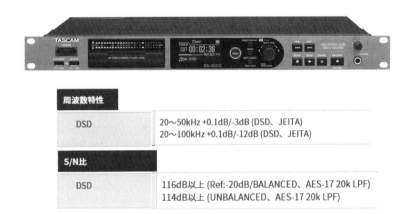

図78　DA-3000の外観図とスペック抜粋

Chapter 4

ハイレゾの始まり

> 4-1. ハイレゾの定義
> 4-2. ハイレゾの理論的優位点
> 4-3. ハイレゾとしてのDSD
> 4-4. ハイレゾの音は相応に良いか？
> 4-5. オーディオシステムとしての製品グレード

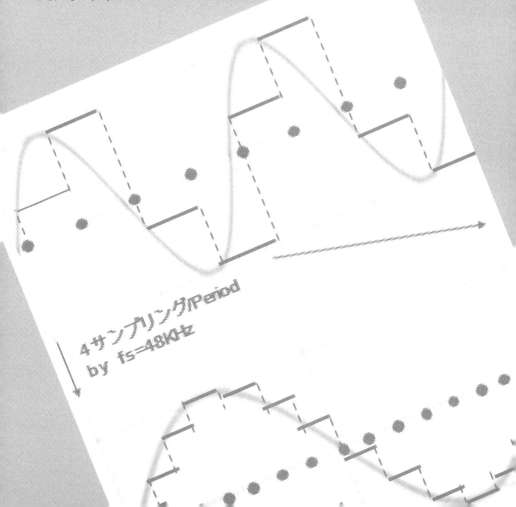

4 ハイレゾのはじまり

　ハイレゾの解説の前に、デジタルオーディオに関しての詳細について解説したが、ハイレゾもデジタルオーディオのひとつのフォーマットであり、ハイレゾを理解する上で必要不可欠な理論であったことをご承知願いたい。

　ハイレゾはHigh Resolution、すなわち日本語表記では「高分解能」という意味であるが、従来からのCDDAフォーマットに比べてフォーマットとしての特性/性能が上回る音楽フォーマットに対して使われ始めたものである。本章においては、ハイレゾの概要と定義、特性（スペック）での理論的優位点、音質評価等について解説する。

4-1. ハイレゾの定義

　ハイレゾの定義については、JEITA（電子技術産業協会）において2014年3月にPCM方式に関してその定義が発表された。これは「ハイレゾ音源」の定義についてであり、「CDスペックを上回る音源」をハイレゾとしている。ここでのCDスペックとはデジタルオーディオの基本特性を決定する2大要素、すなわち、量子化分解能と基準サンプリングレート・fsであり、CDはCDDAを意味している。また、DVDやDATに用いられているfs＝48kHzもCDスペックに含まれる。この定義のおけるCDスペックは次のものである。

＊量子化分解能：16ビット
＊サンプリングレート：fs＝44.1kHz/48kHz

　図79にハイレゾ解説のダイナミックレンジと帯域幅の解説図を示す。

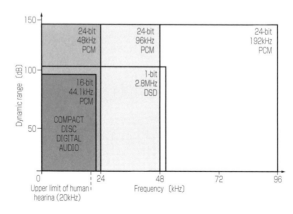

図79　ダイナミックレンジと帯域幅の関係

この定義によれば、例えば、「24ビット/44.1kHz」や「16ビット/96kHz」のフォーマットはCDスペックを上回るためにハイレゾと定義される。

また、2014年6月、日本オーディオ協会は「ハイレゾ対応機器」の定義を発表した。これによると、アナログ系機器、マイク、スピーカー、ヘッドフォン、アンプの広域周波数特性として40kHz以上の特性を有するものとしている。デジタル系では、「24ビット/96kHz」以上の性能での録音フォーマット、入出力インターフェース、ファイル再生、信号処理、D/A変換の各機能に対応可能なこととしている。また、DSD再生機器もハイレゾ対応機器として認められている。図80に日本オーディオ協会によるハイレゾのフォーマット解説図を示す。

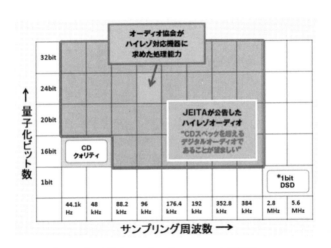

図80　日本オーディオ協会のハイレゾフォーマット解説図

ここでの問題は、JEITAのハイレゾ定義では周波数特性の定義に対する記述がないことであり、また、JEITA、日本オーディオ協会ともにアナログ特性としての要求性能については規定していないことである。一般的な周波数特性の定義は利得（ゲイン）が基準周波数1kHzに対して－3dB低下する周波数である。また、アナログオーディオ性能に関する規定もない。ダイナミックレンジ特性は量子化分解能で決定されるデジタル領域での理論値とアナログオーディオ特性としてのものがあり、実際の音質に最も影響するのは「アナログ特性」としてのダイナミックレンジ特性（S/N比特性も含む）である。ここで、特性規定が無いということは、ハイレゾ再生機器がフォーマットとして形式だけ24ビット/96kHz等のハイレゾフォーマットに対応していれば、実特性のダイナミックレンジ特性にかかわ

らずハイレゾ対応になってしまうことになる。これを簡単にまとめると次のようになる。
＊ハイレゾフォーマット：理論的に高性能。
＊ハイレゾ対応機器：フォーマットとして対応。オーディオ特性は規定無し。

　すなわち、下記例のようにCD再生機器より特性が劣るものでもハイレゾ対応となる矛盾をかかえる。
＊高級CDプレーヤー：ダイナミックレンジ特性100dB　→　非ハイレゾ対応機
＊ハイレゾ再生機器X：ダイナミックレンジ特性98dB　→　ハイレゾ対応機

　繰り返すが、ハイレゾフォーマットはフォーマットという器として高性能であるということで、実際に記録される音源が相応のオーディオ性能であり、レコーディング〜マスタリングのハイレゾアルバム/ソフト制作工程（機器）や、ハイレゾ再生機器はハイレゾの呼称に相応しいオーディオ特性を有していることが求められ、かつ重要である。

4-2. ハイレゾの理論的優位点

　フォーマットとしてのハイレゾの理論的優位点は、次のデジタルオーディオの理論特性を決定する２大要素の特性向上である。
＊量子化分解能の高分解能化による理論ダイナミックレンジの向上
＊サンプリング周波数・fsの高周波数化による理論信号帯域幅の向上

　これを簡単な概念で示すと前述の**図79**の量子化分解能と基準サンプリングレート・fsとの関係で示した通りである。

●ダイナミックレンジ特性

　理論ダイナミックレンジは、量子化分解能で決まる量子化ノイズレベルが小さくなることによりダイナミックレンジが向上する。理論量子化レベルは、16ビットでの−98dBに対して、量子化ビット数が１ビット増えることに6dB量子化ノイズが低減し、6dBダイナミックレンジ性能が向上する。量子化ビット数による理論ダイナミックレンジ特性は式-8（18ページ）の起算式で次のようになる。
＊18ビットで110dB
＊20ビットで122dB
＊24ビットで146dB
＊32ビットで196dB

　146dB等120dBを超えるダイナミックレンジ特性は、デジタル領域ではその高ダイナミックレンジ特性を有効に活用（マスタリング編集等のデジタル信号処理工程にて）することができる。また、ハイレゾ（24ビット）再生時の量子化ノイズレベルはCDDA再生時の

−98dBに比べて極めて低いレベル（−146dB）となり、その影響はほとんど無視できる領域である。このことはアナログ特性としてのダイナミックレンジ特性への影響にも寄与する。例えば、110dBのアナログ・ダイナミックレンジ特性を有するD/A変換システムにおいて、24ビットデータの場合は110dBの特性が確保できるが、入力信号が16ビットデータの場合は、ダイナミックレンジ（THD）特性は量子化ノイズにより約98dB（実際にはA-Weightedフィルターの帯域制限により100dB程度となる）に制限されることになる。これについては第１章のTHD＋N特性の項目でも解説した通りで、図22のTHD＋N対信号レベル特性の16ビットDATAと24ビットDATAの比較を見れば明らかである。

　逆に言えば、実効的な音質に最も相関のあるアナログ特性としてのダイナミックレンジ特性は、個々のD/A変換システムの特性で決定されることになる。このハイレゾフォーマット理論値と再生機器でのアナログ・ダイナミックレンジ特性の関係イメージを図81に示す。再生機L、M、Hの性能グレード（アナログ・ダイナミックレンジ特性）の違いにより、入力PCMデータに対するオーディオ出力のダイナミックレンジ特性は100dB、110dB、120dBと大きな差異となる。

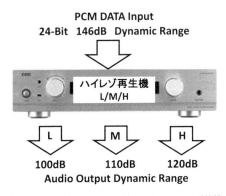

図81　理論値とアナログ・ダイナミックレンジ特性の関係

　ちなみに、現行ハイレゾ対応再生機器でのアナログ・ダイナミックレンジ特性は110dB台グレードが最も多く、120dBを超えるハイスペックなものは限定される。ハイレゾ再生機器としてのグレードを筆者主観で分類すれば次のようになる。
＊汎用グレード：100dB〜108dB
　ハイレゾ対応はしているもののハイレゾの性能としては十分とは言えず、ハイレゾアルバム再生でその効能が感じられるかは疑問。
＊中級グレード：108dB〜120dB

ハイレゾ対応機器として相応の性能でもあり、ハイレゾ品質の良さを享受することのできるレベルである。現在のハイレゾユーザーの所有するハイレゾ再生機器の標準的存在である。

＊高性能グレード：120dB以上

このグレードはハイレゾ再生機器として最高グレードであり（価格も）、本来であればこのグレードの機器のみがハイレゾ対応機器としたいところである。但し、筆者自身も所有できる価格帯ではないので、音質面で性能/価格相応かの判断はできない。

●周波数帯域幅の向上-1

周波数帯域幅はハイレゾ化によりデジタル領域では確実に（理論的に）広帯域化される。

前述の**図79**に示す通り、CDDAにおけるfs＝44.1kHzでの理論帯域、22.05kHzに対して、fs＝96kHz/192kHzではそれぞれ48kHz、96kHzとなる。一方、人間の可聴周波数の高域限界は20kHzであり、聴こえない周波数帯域に対して意義があるのかという意見もある。肯定派は、幾つかの特別な楽器の再生スペクトラムが20kHz以上まで分布していることで元音源が含む周波数スペクトラムを記録・再生できることが有意義であるとしている。アナログ領域の周波数特性はPCM再生では録音マイクの周波数特性、再生スピーカーシステムの周波数特性、録音/再生システムにおけるプリ/ポスト・アナログLPF特性が総合的に提供する。これに対する反証としては、例えば、マイクロフォンの周波数特性上限が20kHzである録音媒体で、リマスタリング等のハイレゾ化により音質が向上したとするなら、元録音ソースには20kHz以上の成分はないので、音質向上は20kHz以上の信号成分が再生可能になったことが理由ではないと言える。但し、同一オーディオ再生システムにおいて周波数特性をパラメーターにした比較試聴テストの結果、周波数帯域が広い（20kHzに対して40kHz等）方が音質が良いとされる学術的なレポートもある。

筆者のこの周波数特性に関する解釈は、「ハイレゾ化による広帯域化によって可聴帯域内（20kHz以内）信号の過渡応答特性を中心とする信号品位が向上する」ということが最大の効能と考えている。PCM再生ではD/A変換システムにオーバーサンプリング・デジタルフィルターが組み合わされている。このデジタルフィルターにはFIR（Finite Impulse Response/有限インパルス応答）フィルターが用いられているが、応答特性に関し次に掲げるデメリットを有しており、これらのデメリットについて具体的に解説する。

＊インパルス応答におけるプリエコー、ポストエコーの発生

＊方形波応答におけるリンギング（オーバー/アンダーシュート）の発生

まずはインパルス応答であるが、**図82**に2種類のフィルター特性におけるインパルス応答波形例を示す（16ビット/44.1kHz）。インパルステスト信号はCBS Record CD-1という

CDプレーヤーのテスト信号ディスクに記録されている。図82において(A)はシャープ・ロールオフ、(B)はスロー・ロールオフというフィルター特性のもので、周波数特性ではフィルターの遮断周波数が(A)は24.08kHz、(B)は32.28kHzである。同図から明らかなように、どちらの応答波形においてもパルスの発生前後にリンギングが確認できる。これはFIRフィルターの動作理論から発生するもので、パルス信号の時間的前後にエコーが発生することによる。すなわち、信号によってはその信号の時間軸前後に全く存在しない信号を付加していることになる。

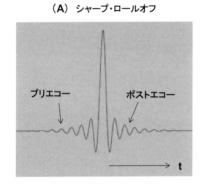
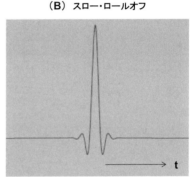

図82　インパルス応答波形例

このポスト/プリエコーの発生量と発生時間は(A)のシャープ・ロールオフ/遮断周波数：24.08kHzに比べて、(B)のスロー・ロールオフ/遮断周波数：32.28kHzの方が圧倒的に少ない。すなわち、フィルター遮断周波数が高いほどポスト/プリエコーの影響は軽減されることになり、ハイレゾフォーマットのfs＝96kHz/192kHz動作では帯域内信号に与えるデジタルフィルター応答特性の悪影響はより軽減されることになる。

次に方形波応答におけるリンギングについて解説する。図82のインパルスと同様にCD-1テストディスク信号による2種類のフィルター特性による方形波応答例を図83に示す。方形波信号周波数は1kHz、信号レベルは－3dBFSである。(A)はシャープ・ロールオフ、(B)はスロー・ロールオフであり、フィルターの遮断周波数も同じく(A)は24.08kHz、(B)は32.28kHzである。

この方形波応答も見ての通り、方形波応答はデジタルフィルターFIR応答特性により理想方形波に対して大きなオーバーシュートとアンダーシュートを発生しているのがわかる。そのレベルは(A)/遮断周波数：24.08kHzは信号振幅の10〜20%と大きく、波形の立ち上がり/立ち下り後の本来フラットなエリアでもリンギングが連続している。一方、(B)/

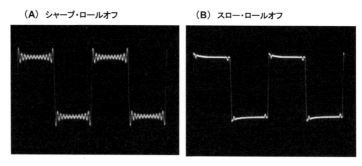

図83 方形波応答波形例

遮断周波数：32.28kHzは信号振幅の5％未満で、波形の立ち上り/立ち下後のフラットなエリアでのリンギングは見られない。すなわち、リニアリティという観点で見れば、元信号に対して％オーダーの歪み成分を発生させていることになる。アナログ回路等における方形波応答のオーバーシュート/アンダーシュートの発生は信号フルスケール付近の大振幅時に発生し、小信号時ではその発生はほとんどないが、FIR応答特性は信号レベルに関係なく発生する。すなわち、図83で示した応答特性は−3dBFSのものであるが、信号レベルを−20dB、−40dB、−60dBと下げても絶対値が違うだけで図83の応答波形は同じとなる。

　すなわち、このオーバーシュート/アンダーシュートは全信号レベルにたいして影響することになる。(A)/(B)比較では、そのレベル量と時間が(A)/遮断周波数24.08kHzに比べて(B)/遮断周波数：32.28kHzの方が圧倒的に少ない。

　ここで示したインパルス応答、方形波応答は共に(B)のスロー・ロールオフ/遮断周波数：32.28kHzの方が応答性に優れていることは明らかである。これらを周波数軸の観点から見ると、例えば、1kHzを帯域内基準周波数とした場合、フィルター遮断周波数は
(A)：24.08kHz、
(B)：32.28kHz

であり、基準周波数と遮断周波数との周波数間隔が大きいほどその影響度が小さいと言える。ここでの応答例はfs＝44.1kHzでのフィルター動作であるが、ハイレゾの基準サンプリングレート、fs＝96kHz/192kHzとなれば、
(A)：48.16kHz/fs＝96kHz、96.32kHz/fs＝192kHz、
(B)：64.56kHz/fs＝96kHz、129.12kHz/fs＝192kHz

となり、例えばfs＝96kHz（A）のシャープ・ロールオフ時（遮断周波数：48.16kHz）でもfs＝44.1kHzでの（B）のスロー・ロールオフ（遮断周波数・32.28kHz）時より1kHzからの周波数間隔は広くなり、ハイレゾではFIR応答特性による通過帯域内信号の過渡応答特

性は圧倒的に有利となる。残念ながら、CD-1のような各種テスト信号の記録されているディスク（CDDA）はハイレゾフォーマットでは存在しない。従って、インパルス応答特性のハイレゾ対応サンプリングレート・fsでのテストは行えない。方形波応答は**図29**に示したAP2700オーディオアナライザーではテスト信号出力にSquare Wave（方形波）があるので確認することができる。

　筆者自身は、ここで示した応答特性がハイレゾにおける帯域幅特性拡大の最大の優位点であり、音質向上に最も寄与するのは、「可聴帯域以上（20kHz以上）の信号再生周波数（能力）の拡大ではなく、広帯域化による可聴帯域内（20kHz以内）信号の「過渡応答特性の向上」にあると推測している。

　また、DSD（SACD）フォーマットはインパルス応答、方形波応答のテスト信号が存在しないのでこれらを確認することはできないが、その方式によりデジタルフィルターが存在しないので、本項で解説したFIR応答に関するデメリット理論上存在しない。DSD支持派はこの観点での応答特性の良いことが音が良いという評価になっているとも推測することができる。

●周波数帯域幅の向上-2

　ハイレゾ化による周波数帯域幅の向上のもうひとつの解釈は、サンプリング数の増加のよる高域周波数の再生品位（精度）の向上が考えられる。**図84**に信号周波数12kHzにおけるfs＝48kHz/192kHzでのサンプリングの概念を示す。

　サンプリング定理により、サンプリング周波数fsに対してfs/2の信号までは記録/再生ができるが、fs/2に近い高域周波数信号ではサンプリング数は極端に少なくなる。例えば、数値的に整数倍関係で表しやすいので、fs＝48kHzの条件時に、信号周波数＝fs/4の12kHzでのサンプリング数を比較したのが**図84**である。この例では、12kHzサイン波信号に対するサンプリング数は

＊**図84**上側のfs＝48kHzではサイン波1周期に対してサンプリングポイント数は4ポイントであり、元のサイン波信号に対して方形波信号のようになっている。

＊**図84**下側のfs＝192kHzではサイン波1周期に対してサンプリングポイント数は16となり、よりサイン波に近い波形となっていることが解る。

　いずれの波形もポストLPFを通過させることにより、方形波的な高調波成分が除去されてサイン波に近似されて出力される。

　図85に20kHzサイン波信号の再生波形例を示す。（A）は基準サンプリングレート・fs＝48kHzで、（B）はfs＝192kHzの動作条件である。（A）の場合、20kHzの信号に対するサンプリング数/サンプリング周波数の関係から再生波形は振幅/位相連続的にが変化している

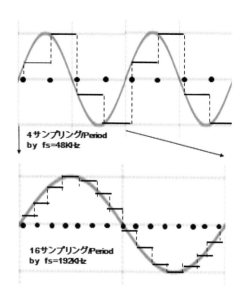

図84 サンプリングの概念

波形となっている。オシロスコープのトリガー設定によりこの波形のキャプチャー状態は異なって観測される。一方、(B) のfs=192kHzではサンプリング数の増加により20kHzサイン再生信号はきれいな20kHzサイン波として観測できる。

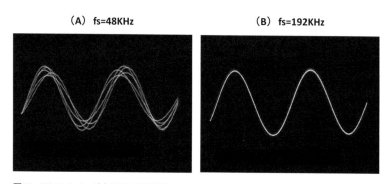

図85　20kHzサイン波信号再生波形例

　更には、このサンプリング数/サンプリング周波数の関係から、高調波成分によるTHD特性は1kHz等の基準信号に対しては若干悪化することになる。図86に高性能D/A変換システムにおける基準サンプリングレート・fs=48kHz、24ビットデータ動作でのTHD＋N対信号周波数特性例を示す（20kHzLPF使用）。

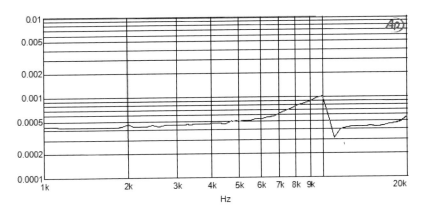

図86 THD＋N対信号周波数特性例-1

この例では信号周波数が4〜5kHzぐらいからTHD＋N特性が悪化し始め、10kHzでピークになり、それ以上では低下している。これは測定系に20kHz帯域制限LPFが用いられているため、10kHz以上の周波数では高調波成分（2次＝20kHz、3次＝30kHz、4次＝40kHz）がLPFによりカットされるためである。これは信号周期に対するサンプリング数がフィルター通過後の信号であってもリニアリティが劣化することによりTHD＋N特性に影響していると推測される。

図87に同様に高性能A/DコンバーターICにおけるTHD＋N対信号周波数特性例を示す。ここでは24ビット/fs＝192kHz動作条件である。A/D変換であるので信号入力系に20kHz帯域制限LPFは用いていない。

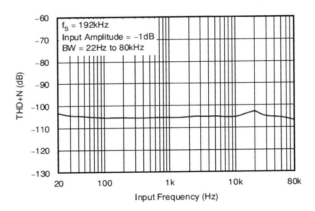

図87 THD＋N対信号周波数特性例-2

図87のTHD＋N対信号周波数特性を見ると、20kHzに僅かなピークが見られるが、1kHzから80kHzの測定帯域内でTHD＋N特性が悪化する傾向はほとんど見られない。これは、fs＝192kHzという条件では10k～20kHzといった高周波数信号に対しても十分なサンプリング数があるので、fs＝48kHzに比べてリニアリティの劣化が非常に少ないことを示している。

この帯域内でのTHD＋N特性の高域信号周波数に対する悪化（その絶対量は小さいが）傾向は、図85と図86の各特性の比較（A/D変換とD/A変換の違いはあるが）でも明らかなようにハイレゾ化、基準サンプリングレート・fsを高くすることにより低減することができる。この事から、ハイレゾ化の広帯域化（高サンプリングレート・fs化）による効能は、「可聴帯域内信号の再現性（精度）の向上」と言うことができる。

以上の検証項目からハイレゾの優位点を簡単にまとめると次の通りとなる。

#1：ダイナミックレンジの拡大

従来CDDAでは理想状態でも100dBに制限されていたオーディオ特性としてのダイナミックレンジ特性はハイレゾ化により相応に向上する。24ビットでは量子化ノイズレベルは－146dBとなるのでその影響は無視できるレベルになり、デジタル領域で実行されるミックスダウンやマスタリングにおける信号処理のロスの影響（フルスケールに対するマージンを取るので）も低減される。アナログ特性としてのダイナミックレンジもCDDAに比べて向上する。但し、そのレベルはA/D・D/A変換システムの特性に依存し、高性能グレード品でも120dB程度のダイナミックレンジである。これらを整理すると次のようになる。

＊理論ダイナミックレンジは理論通り確実に量子化分解能相当で拡大する。

＊理論ダイナミックレンジの拡大はCDDAで影響していた量子化ノイズも無視できるレベルの低減ともなる。

＊アナログ特性としてのダイナミックレンジ特性は録音/再生機器の性能グレードに依存する。高性能グレード品でもオーディオ特性としてのダイナミックレンジ特性は120dB程度である。

#2　周波数帯域の拡大（サンプリングレート・fsの拡大）

PCM再生におけるデジタルフィルターによる主に過渡応答特性に関する帯域信号内信号への影響はハイレゾ化（高サンプリングレート化）により低減できるとともに、帯域内の比較的高域の周波数信号（5kHz～20kHz）に対する再生品位（精度）が向上する。また、可聴帯域（20kHz）以上の周波数信号も物理的には録音/再生することができるが、現状の録音条件や市場のハイレゾソフトを見る限りその効能には疑問が残る。これらも整理すると次のようになる。

＊理論信号帯域幅は理論通り確実に基準サンプリングレート・fs相当（fs/2）に拡大する。

＊PCM再生でのFIRデジタルフィルターの悪影響を大幅に低減できるので可聴帯域内信号の信号品位（精度）が向上する。

＊サンプリング数の増大により帯域内信号の5k〜20kHzのリニアリティ劣化、THD＋N特性の悪化傾向はほとんどなくなる。

＊記録/再生信号の周波数特性（帯域幅）はアナログ部のフィルター条件で決定されるが、CDDAに比べて広帯域にできる。

＊20kHz以上の信号も録音/再生が可能であるが、実際の音楽で相応の成分が含まれているかは不明確。

4-3. ハイレゾとしてのDSD

　DSDに関して、JEITAおよびオーディオ協会ともにハイレゾとしての扱いには曖昧なところがあるが、PCM方式と異なり録音/再生系にデジタルフィルターがないことの優位性はある。ダイナミックレンジと信号帯域幅の観点からは**図79**、**図80**に示されたようにCDDAよりは優れているフォーマットとなっている。

　ダイナミックレンジ特性は、録音/再生システムにおけるΔΣ変調器の特性でほぼ決定される。従って、DSDフォーマットとしての理論ダイナミックレンジ特性はない。実際のDSDソフトのダイナミックレンジは、録音に用いるA/D（Analog-DSD）変換システムのアナログ・ダイナミックレンジ特性で決定され、再生時も同様にDSD-アナログ変換システムのダイナミックレンジ特性（標準的にはPCMと同等レベル）で決定される。

　周波数特性に関してはデジタルフィルターがないので、再生時のフィルター特性で決定されることになる。DSD規格であるスカーレットブックの規定では50kHzとなっている。これは再生系のポストLPFにて設定される。

　図88に高性能ΔΣ変調器の出力スペクトラム例を示す。ΔΣ変調はPCM方式でも用いられ、ノイズシェーピング方式、1ビット方式と呼称される場合もある。**図88**においてはグラフ下側に各サンプリングレートにおける実周波数を併記している。標準的なDSDはPCMのfs＝44.1kHzに対して×64倍すなわち、fs＝44.1kHz×64＝2.8228MHzで動作し、これがサンプリングレートとして表現される。この64fs＝2.8228MHzはΔΣ変調器の動作レートでもあり、この点はPCMも同様である。但し、PCMの場合はデジタルフィルターにて1/64デシメーションされてfs＝44.1kHzに変換されるが、DSDの場合はそのままの64fs（2.8228MHz）がデータレートとなる。

　図88の出力スペクトラムで分かる通り、fs/2の信号帯域では量子化ノイズレベルは低レベルにあるが、fs/2を超える周波数では急激にノイズレベルが上昇する。デジタルフィルターを用いないので、周波数帯域としてはfs/2〜fsの周波数帯域でも信号帯域として扱う

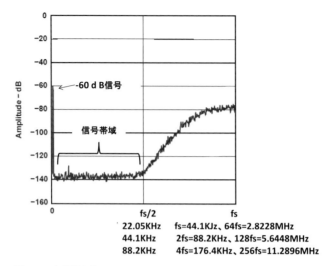

図88 ΔΣ変調器出力スペクトラム

ことができるので、PCMよりは広帯域であると言えるが、PCMではデジタルフィルターで除去されるfs/2〜fsに分布する量子化ノイズも帯域内であり、微小信号はこのノイズに埋もれてしまうことになる。この解決策として登場したのが倍速DSDで、「DSD・128、DSD5.6M」、「DSD・256、DSD11.2M」等で呼称されるものである。図88の下段の周波数表示にある通り、DSD128では、動作レートは5.6448MHzとなり、fs/2の周波数は44.1kHzまで拡大する。同様に、DSD256ではfs/2周波数は88.2kHzとなる。これにより、標準DSD（64fs）で20kHz〜44.1kHzに分布する量子化ノイズを2倍/4倍の周波数にシフトすることができる。整理すると次の通りである。

* 標準DSD：64fs＝2.8224MHz、fs/2再生帯域：22.05kHz
* 2倍速DSD（DSD・128）：64fs＝5.6448MHz、fs/2再生帯域：44.1kHz
* 4倍速DSD（DSD・256）：64fs＝11.2896MHz、fs/2再生帯域：88.2kHz

これらのDSDフォーマットの内、DSD・128/256フォーマットは当然SACDには対応していないのでファイル形式（DSF、DSDIFF）でのものに限られる。

4-4. ハイレゾは本当に音がいいか？

これは本書における最大の難問である。各オーディオ雑誌に代表される評論家諸氏のレビュー/レポートでは良い音ということになっているが、関係業界の商業的意向がかなり忖度されているとも思われる。音質評価は主観なので証明・検証の仕様がないのが難点で

ある。AES（Audio Engineering Society）や日本オーディオ協会会員誌等では、主観評価の中でも電気的オーディオスペックと音質との関係を学術的に検証している論文やレポートを多数見ることができる。

　ハイレゾの音質であるが、筆者自身、同一マスターによる良くできたCDDAアルバム/ソフトとハイレゾアルバム/ソフトの比較試聴は経験しているものの、これは正確な比較試聴とはなりえない。何故なら、正確な比較試聴には純粋にCDDAフォーマットとハイレゾフォーマットとの比較、音源の違いのみの要素で他の要素を含まない、正確な環境が必要である。例えば、往年のジャズ名盤のCDDAアルバム/ソフトに対して、ハイレゾ・リマスター版のハイレゾアルバム/ソフトは存在するが、従来からのCDDAはCDプレーヤーで再生、ハイレゾアルバム/ソフトはハイレゾ対応再生機器で再生ということになると再生系が異なることになり、音質の差異が音源の差なのか再生機器の差なのか判断しかねることになる。

　CDDA音源とハイレゾ音源を正確に比較試聴するには、再生系（D/A変換以降）を同一条件とすることと、音源自体が同一マスターであることが条件となる。これを実行するには、CDDAのデータをリッピングして音楽ファイル形式に変換してCDDAファイル音源とし、同一のハイレゾアルバム/ファイルをある程度性能グレードの高いハイレゾ再生機器で比較試聴しなければならない。また、オーディオ特有の要素としてプリメインアンプやスピーカーシステムによって再生音楽ジャンルでの「相性」も不確定要素として存在するのも事実である。図89に理想的な比較試聴環境の例を示す。

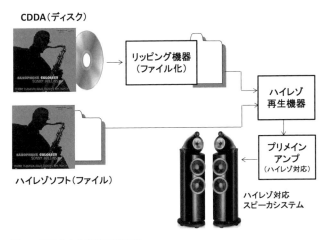

図89　理想的な比較試聴環境例

こうした事情を踏まえても、読者も気になるハイレゾの音質について何も語らないわけにはいかないので、音質に対してのコメントをさせていただく。ハイレゾの音質であるが、CDDAアルバム/ソフトと同様に個々のアルバムにより音質の優劣がある通り、ハイレゾアルバム/ソフトでも音質の優劣がある。後述するハイレゾアルバム/ソフトの章でも解説するが、真に高音質を目指して全てハイレゾ対応で録音、制作されたアルバムと商業的な目的で単純なリマスタリングで制作されたアルバムとでは大きな違いがある。従って、「いい音か?」の判断に用いる素材(ハイレゾソフト)の選択も重要となる。同一アルバムにおいてもPCMでは、24ビット/96kHz、24ビット/192kHzのフォーマットの違いがあり、WAV、FLACのファイル形式の違いがある。また、DSDでは標準DSD64とDSD128/256がり、これらを全て正確に比較音質評価する環境は整えにくい。オーディオ雑誌等でのオーディオ評論家のレビューを参考にして下さいとも言えず悩むところである。

こうした事情を総合的に考慮しながら筆者としての主観での感想を述べれば次の通りである。ハイレゾアルバム/ソフトの代表としてはPCM、24ビット/96kHz、WAV形式のものを用いた。

●リマスタリング版ハイレゾ (主にジャズコンボ、ジャズヴォーカル、クラシック系はバイオリンとピアノがメインの室内楽)

*CDDAに比べて音が違うのは確か。総合的に多くは良い方向でのものであるが一部は逆も場合もある。

*CDDAに比べて全体的に再生音がクリアーである。ジャズコンボ等では各楽器のプレゼンスが明確になり、ヴォーカルものでは発声の生々しさが明確になる。クラシックのヴァイオリンやピアノは楽器の響きがより明確になる。

*CDDAに比べて音の出だし、音の抜け、アタック感等で表現される要素は微妙であるがやや良くなる感じはあるが、明らかの違いとは言いにくい。

*CDDAに比べて再生音域や音の定位といった部分ではほとんど変化がないか、その差は僅かである。

*CDDAに比べて当然と言えばそうであるが、歪み感については変わりない。

●ハイレゾ録音ハイレゾ (比較用CDDAなし、ハイレゾでリリースするために新規制作されたアルバム。ジャズとポップス)

*比較音源がないので、主観的な絶対評価。

*ハイレゾ録音という予備知識があることもあるが、全体的に「音質」としては優れていると言える。全体的に非常にクリアーで、各楽器のダイナミクス(音の大小のレンジ)

の広さと帯域レンジの広さを感じることができる。

＊アルバム個々での音楽的好みもあるが、また、重複する部分もあるが、総合的にクリアーな中で、各楽器やヴォーカルの表現が豊かで解像度と高さと臨場感は高さを感じる。

4-5. オーディオシステムとしての製品グレード

　ダイナミックレンジ特性や周波数帯域特性でハイレゾに劣る、従来からのCDDA再生とアナログLP再生はオーディオの基本であり、ハイレゾ以前にオーディオシステムとしてのグレードが重要であることを強調したい。価格のみで判断するのは問題であるが、例えば50～100万円のCDプレーヤー、同価格帯のプリメインアンプ、スピーカーシステムを備えているユーザーは相応に「高音質な良い音」を再生しているはずである。このような環境で音源としてハイレゾを導入して、5万円未満のハイレゾ再生機器でハイレゾ再生した場合CDDA再生の方が良い音となる可能性もある。逆に20万円のハイレゾ再生機を導入しても既存のプリメインアンプやスピーカーシステムが貧弱であればCDDAとハイレゾの違いが分からない可能性もある。

　すなわち、ハイレゾの良さを享受するには相応の製品グレードのオーディオシステムが求められる。要はシステムとしてのトータルバランスが重要である。4-2項でも解説したが、オーディオ特性としてのダイナミックレンジ特性も100dBグレードから120dB以上のハイエンドグレードまで幅広い。筆者の個人主観であるが、110dB以上のダイナミックレンジ特性を有するハイレゾ再生機器の購入を推奨する。

　オーディオは例えば、信号ケーブル、スピーカーケーブルを変えると音が変わることから高額なケーブルを使用しているユーザーや、AC電源に凝り専用オーディオ用電源を導入しているユーザー、10万円以上するLP再生のカートリッジを愛用しているユーザーがいる一方、一般の人は限られた予算の中でバランスのとれたオーディオシステムとしている。実際のハイレゾ対応機器の例については第6章のハイレゾの再生で詳しく解説する。

APPENDIX-3

オーディオケーブルは通常RCAピンのステレオ対応ケーブルであり、汎用的なものは1〜2m程度の長さで1000円〜2000円で購入することができる。音質を追求したとされる高級なオーディオケーブルも非常に多くの種類があり、各メーカーの技術解説も相応にされている。筆者がオーディオケーブルを検索していて驚いたのが、ここで紹介するアナリシスプラスという製品である。図90にヨドバシカメラのHPにおける同ケーブルの商品情報を示す。とにかく価格が凄い、何と47万円である。

図90　オーディオケーブル商品情報例

高額製品例が続くが、プロ用/コンシューマ用のオーディオ製品を開発販売しているdcs社の高性能D/Aコンバーター、Vivaldi DACの外観図を図91に示す。2012年発売当時の価格は何と355万円である。

図91　dcs Vivaldi DAC外観図

ハイレゾ再生機器については第6章で詳しく解説するが、オーディオシステムとしての各オーディオ機器についても幾つかその代表例を紹介したい。図92にアナログオーディ

4　ハイレゾの始まり

オ製品の代表である真空管アンプとターンテーブル（レコードプレーヤー）を示す。同図左側はラックスマンの真空管プリメインアンプMQ-300で、名前の通り300Bというマニアの間では知らない者がいない直熱3極真空管を出力部に用いている。標準価格は135万円である。同図右側はLPレコード再生に欠かせないターンテーブルで、SMEのMODEL20 MK3である。ベルトドライブ式の高級モデルであり、標準価格はトーンアームなしのモデルで215万円。トーンアーム付きモデルが300万円である（トーンアームが85万ということになる）。

図92　真空管アンプとターンテーブル

　オーディオシステムの中でも各モデルによって最も音質の個性を有するのがスピーカーシステムである。図93に中高級スピーカーシステムの代表例を示す。同図左側はジャズファンに人気の4ウエイスピーカー、JBL4343であり、現在は中古品しか流通していない。価格は1台120万円前後である。同図右側はクラシックファンに人気のタンノイ製品の中級モデル、2ウエイ同軸型スピーカーStaringで、標準価格は1台35万円である。本書冒頭の図2でも分かるが筆者所有のモデルでもある。

図93　スピーカーシステム製品例

95

Chapter 5

ハイレゾアルバム/ソフトの現状

> 5-1. ハイレゾ録音機器
> 5-2. ファイル形式とデータ容量
> 5-3. ハイレゾソフトの制作工程
> 5-4. 真のハイレゾソフト（アルバム）とは
> 5-5. ハイレゾ配信サイトとレーベル

5 ハイレゾアルバム／ソフトの現状

　本章ではハイレゾアルバム／ソフトの現状について、録音環境（ハードウェアおよびソフトウェア）、フォーマット（ファイル形式）、アルバムの傾向等を検証しながら解説する。

5-1. ハイレゾ対応録音機器

　本項ではハイレゾフォーマットに対応する正統な（？）ハイレゾアルバム／ソフトを作成する上での録音環境について検証、解説する。

　フォーマットとしてのハイレゾ録音にはハードウェア機材としては

＊24ビット以上の分解能、例えば24ビット／44.1kHz、24ビット／96kHz等、

＊また、44.1kHz/48kHz以上の基準サンプリングレート・fs、例えば、16ビット／88.2kHz、
　24ビット／192kHz等

の条件に適応するデジタル系の録音／編集機器が必要である。ハイレゾもデジタルPCM信号である以上、A/D変換機能が必要で、このA/D変換機能が量子化分解能ビット数と基準サンプリングレート・fsが設定されている。録音機器ではデジタル信号へのA/D変換を実行するハードウェア機材、例えば、

＊デジタルミキサー（A/D変換＋ミキシング機能のみ）

＊デジタルミキシングコンソール（A/D変換＋ミキシング＋編集機能を統合）

＊A/Dコンバーターユニット（アウトボード）

等（ハードウェア）がこれに該当する。DSDではDSDフォーマットに対応したA/D変換（Analog-DSD）機能を有する機材を必要とし、これらに対応できる機材も各種存在する。最新機器ではPCM・32ビット／384kHz、DSD・256fs等最高フォーマットに対応可能なものもある。

　これらのハードウェア機器はプロ／スタジオ用という限られた需要であることもあり、コンシューマのハイレゾ用再生機器の新製品が続々とリリースされるように製品リリースはされてなく、「ハイレゾ対応」としての新製品はごく限られる。何故ならば、ハイレゾが登場する以前の1999年に第2章で解説したDVD-Audioという、現在のハイレゾと同等のフォーマットが制定され、この時代にA/D変換機能を有する録音機材も24ビット／fs＝96kHz/192kHzに対応する機器として開発リリースされていたことがある。もちろん、時代と共にバージョンアップや後継機としての新製品リリースもされているが、例えば10年以上前の機器であっても24ビット／fs＝96kHzフォーマットには対応しているものがほとんどなので、それを今さらハイレゾ対応と呼称するのは馴染まない。

　次のアナログ機器であるが、音の入り口となるマイクロフォンは最も重要な録音機器

5 ハイレゾアルバム/ソフトの現状

である。日本オーディオ協会のハイレゾ機器定義では40kHz以上の周波数帯域を有することとなっているが、残念ながら音が良いと言われているスタジオ/ホール録音用の代表的マイクロフォンの周波数帯域は20kHzである（20kHz以上の音もレベルが下がるが収録可能）。これは3章の図75、図76のマイクロフォンのスペック例を見ても明らかである。また、マイクロフォンのダイナミックレンジ特性はスペック規定が統一されていないので、ダイナミックレンジ特性として規定しているモデル、ノイズレベルで規定しているモデル、S/N比として規定しているモデルとまちまちであり、ダイナミックレンジ特性が不明確なモデルもある。録音用マイクロフォンは信号出力レベルが低いのでマイクアンプ（アナログアンプ）によって所定のレベルに増幅する。このマイクアンプはマイクとセットとなっているもの、マイクアンプとして単体機器のもの、ミキサー内にマイクアンプ機能が内蔵されているものがあるが、マイクアンプの周波数特性とダイナミックレンジ特性も重要となる。

図94にマイクロフォンの出力レベルと信号レベルの関係を示す。

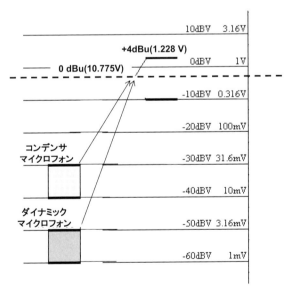

図94　マイク出力レベルと信号レベルの関係

同図より、マイクアンプは+4dBuのプロ/スタジオ機器での標準的な基準レベルをフルスケールとするまでマイク出力を増幅する機能が必要で、最低でも60dBのゲインが必要であることになる。いずれにしろ、総合的なダイナミックレンジ特性と周波数特性はこの

マイクの特性で制限されることになる。

　また、録音工程ではコンプレッサー、リミッター、イコライザー、リバーブ等の音響処理機器もあり、これらの機器も録音時に併用されることが多い。デジタルコンソール等ではプラグインソフトで音響処理するが、専用機能のアウトボード機器を音色的好みからあえて用いるケースもある。これらの機器の電気的スペックを検証していくと、マイクロフォンおよびマイクアンプ単体機器に関しては、特に「ハイレゾ録音用」に開発された機器はほとんど見かけない。すなわち、現行のハイレゾ録音においてもアナログ部、マイクロフォンとマイクアンプは従来スペック品で制作されていることになる。これらの実態を総合的に判断するとハイレゾ録音機器については次のようにまとめることができる。

＊A/D変換機能を含めた録音/ミキサー/編集機器はフォーマットとしてのハイレゾ対応機器は多種存在し、実際のハイレゾ録音現場で使用されている。

＊これら録音/ミキサー/編集機器のデジタル領域でのスペックは24ビットデータ、fs＝96kHzサンプリング対応はほぼ全機種、fs＝192kHz対応は機種が限られる。いずれもハイレゾフォーマットに対応しており、ハイレゾフォーマットとしての録音/編集が可能である。

＊DSDレコーダーも標準DSD（DSD64）対応機種が幾つか存在し、DSD・128対応機種はやや増えたが、DSD・256対応機種は非常に限られる。

＊録音マイク、マイクアンプは特にハイレゾ対応機ではない。但し、スペックよりも実音質が優先されている。また、周波数帯域が20kHzといっても、フラットな帯域もしくは−3dB帯域であり、20kHz以上の音も信号レベルは減少するが録音可能である。

＊アナログアウトボード、アナログでのコンプレッサーやリミッター、イコライザー等の編集機器も特にハイレゾ対応はしていないが、音の好みや傾向によりハイレゾを含めてスタジオ現場で用いられていることは少なくない。

＊ミックスダウン、マスタリング工程等のデジタル領域での信号処理は当然24ビット・fs＝96kHz/192kHzで実行される。従って、実質ダイナミックレンジの劣化はない。

●ハイレゾ対応録音/編集機器例-1

　ネット検索で高性能なハイレゾ対応プロ用スタジオ機器を調査していて、筆者が調べた範囲で最高スペックなのがここで解説するスイス・Merging Technologyのハイエンドスタジオ用録音機器である。同社は多くのプロ/スタジオ用機器を扱っているが、代表的モデルにHorusというマイクアンプ内蔵のA/D・D/A変換、Digital Interfaceがある。同機が著名な録音スタジオ、KING関口スタジオでもその導入をWebサイトのTopicsで紹介している（**図95**）。

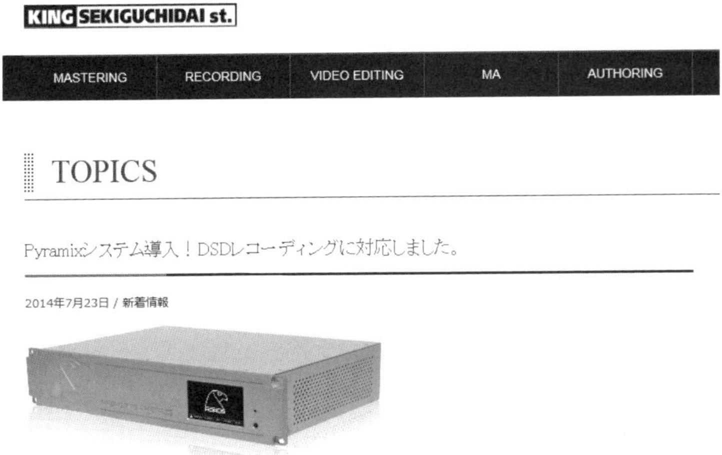

図95 KING関口スタジオTopicsでのHorus紹介（KING関口スタジオHP・Topicsより）

図96にHorusの外観図とスペック抜粋を示す。

Mic-Pre + ADC Section

Frequency response +0/-0.3dB @ fs = 48 kHz	10 Hz - 22 kHz
Frequency response +0/-0.3dB @ fs = 96 kHz	10 Hz - 44 kHz
Frequency response +0/-0.3dB @ fs = 192 kHz	10 Hz - 85 kHz
Dynamic Range (A-weighted, typ.), ref +13 dBu	119.5 dB
THD+N Pre + A/D (20 Hz - 20 kHz) @ -2 dBFS	< -102 dB (0.0008 %)

THD+N Pre + A/D (20 Hz - 20 kHz) @ -2 dBFS	< -102 dB (0.0008 %)
Interchannel Crosstalk @ 1kHz	< -125 dB

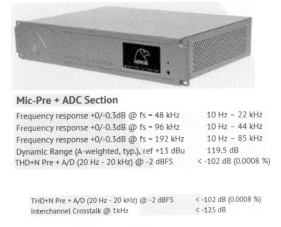

図96 Horus外観図とスペック抜粋

Horusは24チャンネルのライン/マイク入力を有し、A/D変換では、最大fs＝384kHz、DSD・256fsのサンプリングレートに対応している最新機材であり、日本国内でも大手レコード会社のスタジオに採用されている。マイクアンプ以降（A/D変換後）のミキシングや各種編集処理は全てデジタル領域で実施される。量子化ビット数に関する表記はないが、

採用A/DコンバーターデバイスICのスペックから判断すると24ビットは当然で32ビットにも対応していると推測される。本機の特筆すべき性能はアナログ性能としてのダイナミックレンジ特性である。図93に示した通り、マイクプリアンプ（アナログアンプ）とA/D変換を含めた総合的なダイナミックレンジ特性は119.5dBで規定されている。また、THD＋N特性は0.0008％と驚異的な高性能である。また、周波数特性に関しては、−0.3dB帯域で44kHz/fs＝96kHz、85kHz/fs＝192kHzでそれぞれ規定されており、ハイレゾ対応として十分すぎる特性を有している。

　従って、当システムを用いたハイレゾ録音（DSDを含め）はハードウェアとしては最高グレードの品質（性能）となることは間違いない。逆に言えば、オーディオ特性としてのダイナミックレンジ特性119.5dBはハイレゾ対応録音での性能限界と言うことになり、実際のハイレゾアルバム/ソフトに記録される音楽の最大ダイナミックレンジは120dB未満であることになる。この値についての解釈は立場によって異なると思うが、これが現状のハイレゾ録音特性としての事実である。第3章、図77の24ビット音源の記録ダイナミックレンジを理論値の146dBではなく、120dBで表現したのはこの録音できる実際のダイナミックレンジの最高スペックが120dBであることを理由とした。

　Horusはマイクプリアンプ＋A/D変換機能のユニットであるが、録音現場では単体で用いることよりも同社のレコーディングシステムの一部としても用いられる。図97にHorusを用いたレコーディングシステムの例を示す。

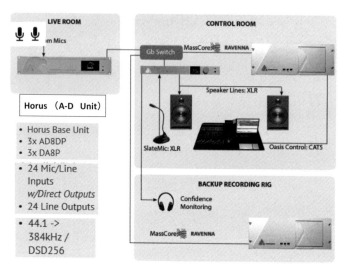

図97　Horus使用レコーディングシステム例

5 ハイレゾアルバム/ソフトの現状

●ハイレゾ対応録音/編集機器例-2

大手録音スタジオ等で常設されているコンソール機器を調べると英国、AMS Neveと英国、Solid State Logicのものが多い。筆者自身、国内録音スタジオでのコンソール機器を調査したところ、各スタジオの標準装備コンソールも一部例外を除いて録音現場で定番とされているAMS NeveやSolid State Logicのコンソール機器が設置されている。困ったことはスタジオのWebサイトに記載されているモデル名がメーカーの製品ラインアップに掲載されていないことである。モデル名の記載ミスもあれば生産終了となっているものもあり、その確認作業には難儀した。また両社の気質というか方針というか（英国ブランドという）、製品情報や仕様（Specification）にはオーディオ特性としてのダイナミックレンジ特性、THD＋N特性、S/N比特性が規定されていないものも多く、オーディオ特性の観点でハイレゾ対応機器と判断することはできないのが現状である。こういう事情であるが、本項では両社の代表的コンソール機器について解説する。

図98にAMS NeveのDigital Music Console、D88の外観を示す。同機はデジタルコンソールで、PCMフォーマットでの編集作業は24ビット/fs＝96kHzまでに対応しており、チャンネル数は1000チャンネルである。内部DSPは40ビット・フローティング処理を実行するのでデジタル編集での録音信号ロスは原理上発生しない。

図98　AMS Neve D88外観図

同様に、Solid State LogicのAWS（Analog Work Station）、Deltaの外観を図99に示す。同機の機能はDigital Console for Analog Soulsと記述されており、マイクロフォン入力（マイクアンプ）機能をはもちろんアナログ領域でのミキシング編集機能を有する。

同製品のOwnar's Manualではアナログスペックが規定されており、周波数特性は全入力条件で、20Hz～20kHz　±0.1dBで規定している。−3dB帯域の規定はないが20kHzまでフラットなので40kHz前後と推測され、ハイレゾにも対応していることになる。また、

図99　SSL AWS Delta外観図

マイク入力の入力換算雑音レベルは−127dBu以下で規定されているので、ほとんどのマイクロフォンの信号を低ノイズ条件で扱うことができる。

●ハイレゾ対応録音/編集機器例-3

　再度A/Dコンバーターユニットの例になるが、米国、Lavry Engineerはプロ/民生用デジタルオーディオ機器メーカーで、A/Dコンバーターユニット、D/Aコンバーターユニット、マスタークロック等を製造/販売している。同社のスタジオ用機器は比較的中小規模の録音スタジオで良く用いられている。A/Dコンバーターユニットも数種類あり、そのメインはSTEREO・2チャンネルのシンプルなA/Dコンバーターユニットである。その代表例として、図100に同社のA/Dコンバーター、AD122-96MXの外観図とスペック抜粋を示す。

　AD122-96MXのハイレゾ機器としての対応フォーマットは、動作基準サンプリングレート・fsは最大fs＝96kHzであり、fs＝192kHzには対応していない。量子化分解能は最大24ビット対応である。図100のオーディオ特性は結論から言えば相応に優れたものである。Noise Floorスペック、S/N比、ダイナミックレンジと同等であるが、127dB (A-Weighted)は高性能である。但し、詳しく検証すると同図右側のAnalog Signalの項でフルスケールを＋24dBuとしているので、通常の基準値＋4dBu（約1.2V）よりも20dB大きな（約12V）基準値としている（前述のForusは＋13dBuが基準値である）事を考慮すると実質的には120dB程度のダイナミックレンジ特性と推測できるが、そうだとしてもハイレゾ対応機器としては優れたスペックである。周波数特性の直接規定はないが、Input Impedance over 0-100kHzで、20kΩの入力インピーダンスを100kHzの周波数範囲で規定していることから20kHz以上の相応の周波数特性を有していると推測することができる。

5 ハイレゾアルバム/ソフトの現状

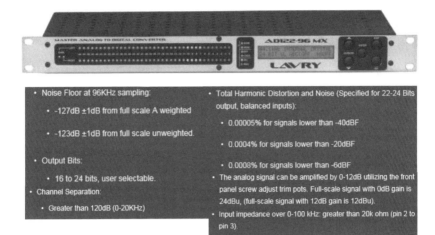

図100　AD122-96MX外観図とスペック抜粋

●ハイレゾ対応録音/編集機器例-4

　AMS Neveは前述のAWSに代表される各種録音スタジオ用DAW機器や各種アウトボード（A/Dユニットやマイクアンプ、イコライザー等の外部接続する機器の録音業界における総称）を扱っている。ここで解説する1073DPA/DPDはマイクプリアンプ（1073DPA）とマイクプリアンプ＋ADC（1073DPD）で、海外、国内ともにほとんどの録音スタジオに常備されているアウトボードである。図101に1073シリーズを代表して1073DPD ADCの外観図と両モデルのスペック抜粋を示す。

　1073DPA/DPDのマイク入力は2チャンネルで1073DPDはA/D変換機能もプラスされたモデルであり、PCMハイレゾサンプリングレートおよび標準DSDにも対応している。

　1073DPAでのマイクアンプに関するスペックの内周波数特性とTHD＋N特性はそのままの値として解釈できる。フラットな周波数帯域は20kHz、-3dB帯域周波数特性としては40kHzの帯域を有していることが分かる。不明なのは"EIN"のスペックで、Equivalent Input Noise（等価入力雑音）の略とすれば、60dBゲイン時のフルスケール信号レベルに対してのノイズレベルは-125dBとなり、S/N比として120dB以上の高性能を有していることとなる。これは十分にハイレゾに対応できる特性である。THD＋N特性は0.07%であるがアナログマイクアンプのTHD＋N特性としては許容される特性レベルと言える。

　次に1073DPDであるが、サンプリングレート毎に周波数特性が規定されている。fs＝96/192kHzでの周波数特性は96kHz、192kHzどちらも±1dBのフラット帯域条件にて

105

1073DPA

Frequency Response:	60dB gain into 600ohm +/-0.5dB	20Hz to 20kHz
	60dB gain into 600ohm -3dB	20Hz to 40kHz
EIN:	Mic 60dB gain	<-125dB
THD+Noise:	+20dBu into 600ohm 50Hz to 10kHz	<0.07%

1073DPD ADC

Frequency Response:	48kHz +/-1.25dB	<10Hz to 20kHz
	96kHz +/-1dB	<10Hz to 40kHz
	192kHz +/-1dB	<10Hz to >40kHz
Dynamic Range:		>106dB (+26dBu Setting)

図101　AMS Neve 1073DPD外観図とスペック

40kHzで規定されていおり、こればマイクアンプ部の周波数特性で制限されていることが分かる。このスペックはハイレゾ録音での周波数特性として十分な値と判断できる。一方、A/D変換としてのダイナミックレンジ特性は106dBで規定されているが、このスペックはハイレゾとしてはやや物足りないスペックと言える。恐らく1073シリーズとしては、マイクアンプの1073DPAの方が多く用いられていると言える。1073DPDを用いた場合の録音ダイナミックレンジ特性は106dBに制限されることになる。

●ハイレゾ対応録音/編集機器例-5

　図102にデンマーク・Tube-Techのコンプレッサー、CL-1Bの外観図と代表的スペックを示す。コンプレッサーはほとんどの録音現場で用いられているアウトボード機材であり、本機の場合は真空管構成と独自の回路技術により録音現場での愛好家が多いようである。本来は急峻な大音量時に録音レベルが許容最大入力レンジ（A/D変換では入力フルスケール）を超えないように入力信号レベルに対して信号ゲインを低下させる目的で使用されるが、同時に低レベル信号に対してゲインを加えることにより全体的な音圧レベルを上げるために用いられる。

5 ハイレゾアルバム/ソフトの現状

- Frequency response @ -3 dB: 5 Hz to 25 kHz
- Low noise: < -75 dBU @ 30 dB gain
- CMRR: > 60 dB @ 10 kHz
- Variable ratio from 2:1 to 10:1
- Continuously variable attack and release times
- Output gain: Off to +30 dBU
- Variable threshold: Off to -40 dBU

図102　Tube-Tech　CL-1B外観と代表的スペック

　CL-1Bは冒頭述べた通り、ほとんどの録音スタジオで所有している定番コンプレッサーであり、モノーラル対応、真空管回路といった古典的構成であるものの、機能として優れていることとコンプレッサーが効いた時の音質変化が少ないこと等が定番となっている理由と思われる。図102のCL-1Bのスペックを検証する。本機の場合、-3dB周波数特性は25kHzであり、ハイレゾ録音ではやや物足りないとも思えるが、定番マイクロフォンとの組み合わせでは問題のないレベルとも判断できる。ダイナミックレンジ特性はスペックで直接表示されていないが、+4dBuをフルスケールとすればノイズレベルは-75dBuでありS/N比＝79dB（75＋4）程度の特性であると推測できる。ハイレゾとしてはこの特性はやや物足りないと思えるが、コンプレッサーは使用目的が一種ダイナミックレンジの圧縮機能なので、録音/マスタリング現場では問題にはならないのではと推測できる。

　前述の通り、コンプレッサーは入力信号レベルを圧縮して平均信号レベルを大きくすることにより、再生音量が比較的小さくても音が大きく聴こえる聴感上の処理にも用いられる（業界では音圧レベルを高くすると表現されCM曲などで頻繁に用いられていた）。従来からのCDDA録音でもダイナミックレンジ限界から多用されていた事実がある。筆者個人の感覚としてはハイレゾ録音においてはあまり使用して欲しくない機器である。

●ハイレゾ対応録音/編集機器例-6

　今まで解説したハイレゾ対応録音機は録音スタジオでに設置されているものであるが、音楽録音は録音スタジオに限らない。実際、コンサートホールやライブハウス等での録音

も多くあり、現場に設置されているPA機器ではハイレゾ録音に対応できないケースもある。こうしたフィールドでのハイレゾ対応録音に求められる機能は当然ハイレゾフォーマット（24ビット/fs＝96/192kHz）でのA/D変換機能である。スタジオ用を用意する対応するケースもあるが、既存のPAシステムとの何らかの制約もあり、こうしたケースに対応できるポータブル型の録音機器がある。

ここで解説するのは、ポータブルで使用できるハイレゾ録音対応機器で、ティアック（タスカム）の業務用フィールドレコーダー、HS-P82とドイツ、RMEのA/D・D/Aユニット/オーディオインターフェース、ADI-2PROである。

＊タスカム HS-P82：図103にタスカムHS-P82の外観図を示す。

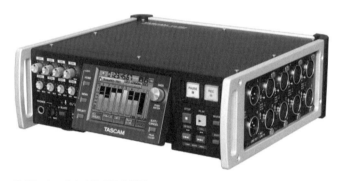

図103　タスカム HS-P82外観図

本機は8チャンネルのPCMレコーダー（A/Dコンバーターユニットと基本機能は同じ）であり、デジタルデータの記録媒体はCFカードである。図104に同機の主要スペックの抜粋を示す。

同図のスペック抜粋から、ハイレゾフィオーマットの24ビット/fs＝96kHz/192kHzに対応したA/D変換機能を有していることが分かる。オーディオ特性としては、周波数特性、歪率（THD＋N）、S/N比等が規定されている。周波数特性は動作サンプリングレート条件毎に規定されており、40kHz（－1dB/fs＝96kHz）、80kHz（－3dB/fs＝192kHz）の各スペックはハイレゾ録音に十分に対応している。THD＋N特性は、MIC入力で0.02％、LINE入力で0.003％と特段高性能ではないが問題ないレベルである。S/N比（ダイナミックレンジと同等、A-WTDはA-Weightedフィルターの意味）はマイク入力で100dB、ライン入力で110dBで規定されている。マイク入力の100dBは数値的にはハイレゾ録音として物足りない値であるが、現場では外部マイクアンプを介してライン入力で用いることが多いと推察される。

5 ハイレゾアルバム/ソフトの現状

量子化ビット数	16/24ビット
サンプリング周波数	44.1/47.952/48/48.048/88.2/96/176.4/192kHz (47.952/48.048kHz：48kHz +0.1%プルアップ/-0.1%プルダウン)
周波数特性	20Hz〜20kHz、0dB+/-0.5dB(INPUT(MIC/LINE)→LINE OUT、Fs:ALL) 20Hz〜40kHz、-1dB+/-1.0dB(INPUT(MIC/LINE)→LINE OUT、Fs:88.2/96kHz) 20Hz〜80kHz、-3dB+1.0dB/-2.0dB(INPUT(MIC/LINE)→LINE OUT、Fs:176.4/192kHz)
歪率	0.003%以下(LINE IN→LINE OUT、Ref.Level:-20dBFS、+23dBu入力、1kHz、AES-17 LPF) 0.02%以下(MIC -25 IN→LINE OUT、Ref.Level:-20dBFS、-10dBu入力、トリム+20dB、1kHz、AES-17 LPF) 0.02%以下(MIC 0 IN→LINE OUT、Ref.Level:-20dBFS、-35dBu入力、トリム+20dB、1kHz、AES-17 LPF)
S/N比	110dB以上(LINE IN→LINE OUT、22kHz LPF、A-WTD) 100dB以上(MIC -25 IN→LINE OUT、22kHz LPF、A-WTD) 100dB以上(MIC 0 IN→LINE OUT、22kHz LPF、A-WTD)

図104　HS-P82　主要スペック抜粋

＊RME ADI-2Pro：図105にRME ADI-2Proの外観図を示す。RME製品は日本シンタックスが総代理店となっている。ADI-2Proは同社が扱ってりる多くの定評あるデジタルオーディオ機器の最新モデルであり、A/D・D/Aユニット/オーディオインターフェースと製品呼称されている。本機は純粋なスタジオ専用機ではないが、ハイレゾ録音/再生におけるオーディオ特性は極めて優秀であり、スタジオやライブでのハイレゾ対応録音、コンシューマでのハイレゾソフト再生等に活用することができる。A/D変換機能とD/A変換機能の両方を備えているので、ハイレゾ録音だけでなくハイレゾ再生機器としても用いることができ、ユーザーからの支持も高い。

PCMでは32ビット/768kHz、DSDはDSD・256fsとどちらも最高性能のフォーマットに対応している。

図105　ADI-2Pro外観図

109

図106にADI-2 Proのスペック抜粋を示す。A/D・D/A両機能を有しているのでアナログ入力（A/D）とアナログ出力（D/A）の両動作でのものを示している。

アナログ入力(A-D)
- S/N比〈SNR〉@ +4 dBu：119 dB RMS unweighted、123 dBA
- THD+N：@ -1 dBFS：-112 dB、0.00025 %
- 周波数特性 @ 44.1 kHz、-0.1 dB：5 Hz ～ 20.5 kHz
- 周波数特性 @ 96 kHz、-0.5 dB：3 Hz ～ 45.5 kHz
- 周波数特性 @ 192 kHz、-1 dB：2 Hz ～ 92.7 kHz

アナログ出力(D-A)
- S/N比〈SNR〉@ +4 dBu：115 dB RMS unweighted、118 dBA
- 周波数特性@ 44.1 kHz、-0.1 dB：0Hz ～ 20.2 kHz
- 周波数特性@ 96 kHz、-0.5 dB：0 Hz ～ 44.9 kHz
- 周波数特性@ 192 kHz、-1 dB：0 Hz ～ 88 kHz
- THD：@ -1 dBFS：-112 dB、0.00025 %

図106 ADI-2 Proスペック抜粋

　同図から、アナログ入力（A/D）スペックから検証する。S//N比（ダイナミックレンジと同等）は記述法が119dB RMS（Aウェイトなし）と123dBAと単位の異なる値が規定されているが、119dBはAウェイト有りの標準規格条件に換算すると121dB程度となる。いずれにしても120dBグレードのハイレゾ対応機器としてもハイエンドの高性能である。

　THD＋N特性も0.00025％と驚異的高性能である。周波数特性は、44.9kHz（-0.5dB/fs ＝96kHz）、92.7kHz（-1dB/ fs＝192kHz）と十分なハイレゾ対応特性である。

　次にアナログ出力（D/A）スペックを検証する。S/N比はA/Dと同様に115dB、118dBの値があるが117～118dBが実質的なスペックと推測する。ハイレゾ再生機器としては高級グレード性能である。周波数特性は、44.9kHz（-0.5dB/fs＝96kHz）、88kHz（-1dB/fs＝192kHz）で規定されており、これもハイレゾ再生には十分な性能である。

5-2. ファイル形式とデータ容量

　フォーマットとしてのハイレゾアルバム/ソフトはディスク形式のCDDAと異なり、音楽ファイル形式であることが大きな特徴である。従って、ハイレゾアルバム/ソフトの購入にはネット環境（代金のネット決済とファイルのダウンロード）が必修となり、これが一部ユーザーから敬遠されている要因となっている。また、現実にはハイレゾアルバム/

5 ハイレゾアルバム/ソフトの現状

ソフト＝ハイレゾ音質とは言えないものも実存し、本項ではハイレゾアルバム/ソフトの現状についていろいろな観点から検証する。

　冒頭述べた通り、ハイレゾアルバム/ソフトはファイル形式であり、PCMの場合ファイル形式にはWAVとFLACが標準的に用意されている。DSDではPCでの扱いを可能にしたDSFという形式が標準的であるが、販売サイトによってはDSDと表記されているケースもあり、ハイレゾでは次の3種類のファイル形式に限られる。

＊WAV：リニアPCM用、非圧縮方式なのでファイルサイズが大きい。

＊FLAC：リニアPCM用、可逆圧縮方式なのでWAVよりファイルサイズが小さい

＊DSF（DSD）：DSD方式用、非圧縮。

　音楽ファイル形式としては、第2章、表1に示した通り、この他にもAIFF、MP3、WMA、AAC等多くの形式があるが、ハイレゾ用途ではないのでここでの説明は省略する。各ファイル形式により同一音源でもファイルサイズは異なる。**表2**にファイル形式になる以前の各フォーマットでのデータ容量に関する比較を示す。

表2　各フォーマット・データ量比較

フォーマット形式	サンプリングレートfs	量子化分解能	伝送レートkbps	CDDA比データ量
CD	44.1kHz	16bit	1,411.2	1
PCM	44.1kHz	24bit	2,116.8	1.5倍
PCM	48kHz	24bit	2,304	1.6倍
PCM	96kHz	24bit	4,608	3.3倍
PCM	192kHz	24bit	9,216	6.5倍
DSD SACD	2.8MHz	1bit	5,644.8	4倍
DSD	5.6MHz	1bit	11,289	8倍

　この**表2**から明らかなように、CDDAの容量サイズ（700MB）を"1"とすると、ハイレゾ各フォーマットは数倍のデータ容量となることが分かる。WAV形式では非圧縮のためこのデータ容量値はそのままとなるが、FLACでは可逆圧縮なのでWAVの2/3程度に容量を圧縮することができる。例えば、1曲5分程度のもののファイルサイズは、24ビット/96kHzと24ビット/192kHzでは次のようになる。

＊WAV：約175MB（24ビット/96kHz）、350MB（24ビット/192kHz）

＊FLAC：約100MB（24ビット/96kHz）、200MB（24ビット/192kHz）

　これをCDDAと同じ用にアルバム収録曲全曲そろえるとなると×曲数のサイズとなる。

例えば、アルバム全曲数が10曲でありこれを全10曲購入/保存するとなると、
＊WAV：1750MB≒1.7GB（24ビット/96kHz）、3500MB≒3.4GB（24ビット/192kHz）
＊FLAC：1000MB（24ビット/96kHz）、2000MB≒1.95GB（24ビット/192kHz）
　更に、同等サイズのアルバムを100アルバムそろえるとすると
＊WAV：170GB（24ビット/96kHz）、340GB（24ビット/192kHz）
＊FLAC：98GB（24ビット/96kHz）、195GB（24ビット/192kHz）
　（1024MB＝1GB、1024GB＝1TB）
　DSDの場合は、DSD64fs（2.8M）は24ビット/96kHzの2割増、DSD128fs（5.6M）は24ビット/192kHzの2割増となる。**図107**にハイレゾ配信サイトに示されている実際の楽曲ソフトでのフォーマット別のファイルサイズ表示（1曲のみ）を示す。図中にあるMQAは（Master Quality Authenticated）という英国Meridianが開発したロスレスの新フォーマットであり、他の方式に比べてファイルサイズを小さくできる特徴がある。

Performer	Stereo 24BIT/192kHz	Stereo 24BIT/96kHz	MQA stereo original resolution	CD 16BIT/44kHz	Stereo DSD 256 11.2896Mbit/s	Stereo DSD 128 5.6448Mbit/s	Stereo DSD 64 2.8224Mbit/s
Arnesen: MAGNIFICAT 4. Et misericordia **Nidarosdomens jentekor & TrondheimSolistene**	185 MB	90 MB	50 MB	23 MB	840 MB	420 MB	210 MB

図107　フォーマット別ファイルサイズ例

　これらのことから、ハイレゾアルバム/ソフトのコレクションには大容量のハードディスクに代表される記録媒体が必要となることが分かる。筆者所有のノートPCハードディスク容量は400GBであるから、ファイルをPCにストレージするとなると、FLAC形式ファイルであっても100アルバムで約半分の容量（195GB）を占めることになる。このことは、ハイレゾアルバム所有のためには専用のストレージ用ハードディスクまたはNAS（Network Attached Storage、詳細は後述）が必要となることを示唆している。また、ネット環境にもよるが実際にハイレゾアルバム/ソフトを購入、ダウンロードすると1曲につき5〜10分かかることもあり、ダウンロード時間が長くなることがハイレゾ普及の妨げのひとつとなっていると思われる。数値だけではイメージしにくいかも知れないので、MQAの解説サイトにある各ファイル容量の比較を**図108**に示す。ここでは、MQAの24ビット/fs＝352kHzのファイルサイズを100％として同一アルバム/ソフトの各ファイル形式でのサイズをグラフ化したものである。

5　ハイレゾアルバム/ソフトの現状

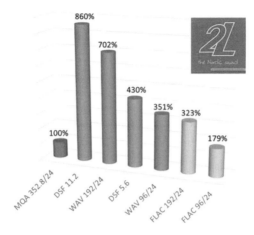

図108　MQAによるファイルサイズ比較例

5-3. ハイレゾアルバム/ソフトの制作工程

　前項でハイレゾアルバム/ソフトのファイル形式について解説したが、ここではハイレゾアルバム/ソフトの制作工程について検証する。現行のハイレゾアルバム/ソフトの制作工程は大別すると次のように2種類に大別でき、4種類に小分類することができる。
A：新規にハイレゾで録音、ハイレゾ編集/マスタリングしたアルバム/ソフト
　用いるハイレゾフォーマット相応の真のハイレゾアルバム/ソフトと言える。
B：既存のマスターを利用、ハイレゾ編集/マスタリングしたソフト（リマスタリング）
　既存マスターのリマスタリングはマスター形態により次の制作工程に分類できる。
B-1：既存マスターがアナログのもの（LP、CDDAで発売済み）
　ハイレゾ化してもマスター音源のダイナミックレンジと周波数特性スペック以上の音源を記録することは不可能。
B-2：既存マスターがCDDAフォーマットのもの（デジタル、CDDAで発売済み）
　同様にハイレゾ化してもマスター音源のダイナミックレンジと周波数特性スペック以上の音源を記録することは不可能。
B-3：既存マスターがハイレゾのもの（CDDA等で発売済みだがマスターはハイレゾ対応）
　マスター音源のハイレゾフォーマット相応のハイレゾアルバム/ソフトとなる。
　本来の「ハイレゾ」としてのアルバム/ソフトは上記Aのハイレゾ録音/マスタリングのも

のと、B-3のハイレゾマスター/マスタリングしたものであるべきである。

　図109に正統的なハイレゾ本来の制作概念を示す。本書ではこのアルバム/ソフトを「真ハイレゾソフト」として定義したい。しかし、市場にて発売中のハイレゾアルバム/ソフトでは真のハイレゾの比率は少なく、リリースされるハイレゾアルバム/ソフトは上記B-1、B-2のケース（ハイレゾ化による効能はあるが）のものが多くを占めているという事実がある。

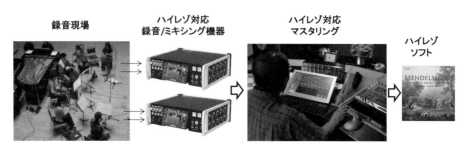

図109　真のハイレゾソフト制作の概念

　上記Bの中でもB-1、B-2はマスター自体がハイレゾ対応でないので、リマスタリングによってハイレゾフォーマット対応ソフトとして完成させてもそのハイレゾ化効果は限定的となる。B-1のケース、アナログマスターのダイナミックレンジ特性は80dB前後であり、記録されている音の最小信号レベルはフルスケール（0dB）比で−80dBとなり、より小さいレベルの信号は存在しないしノイズに埋もれてしまう。図110にアナログマスターからのハイレゾソフト制作の概念を示す。

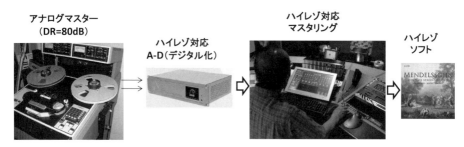

図110　アナログマスターからのハイレゾ制作の概念

　アナログマスターからのリマスタリングには2通りの手法があり、どちらが優れているかの判断は実作業を行うエンジニアの経験と知識によるものとなっている。

＊アナログマスターをA/D変換、デジタル化してデジタルでリマスタリング（**図110**で示した工程）。
＊アナログマスターをアナログのままリマスタリング、その後A/D変換して最終マスタリング（ハイレゾフォーマット化）。

B-2のケース、CDDA用のデジタルマスターでのリマスタリングの概要を**図111**に示す。

図111　デジタルマスターからのハイレゾ制作の概念

　ここではCDDAのデジタルマスターはマルチトラックPCMデジタルレコーター、ソニーのPCM-3348（昔のCDDA制作用デジタル記録機の定番）で、デジタルデータはマルチチャンネルのままデジタルワークステーションでリマスタリングされ、最終的にハイレゾフォーマット化される。

　このケースではマスター音源は16ビット量子化によりダイナミックレンジ特性は98dBに制限されている。CDDAが制定される時に、前述のアナログでのダイナミックレンジが80dB程度であるので、98dB（16ビット）あれば十分であると判断された経緯がある。時々音質レビュー等において、「ハイレゾ化によって埋もれていた音が聴こえるようになった」というコメントを目にすることがあるが、B-1、B-2の制作での場合は理論的にあり得ない。仮にそうだとすると、既発LPなりCDDAのマスタリングの出来具合が相応に悪かったともものであり、リマスタリングにより音響処理的な効能があったと言える。但し、ハイレゾ化によりフォーマットとしての量子化ノイズの影響はほとんどなくなるので（CDDAの98dBから144dBに低減）ハイレゾ化リマスタリングの意味はあると言える。

　これらのリマスタリング作業について、あるハイレゾ制作レーベルのWebサイト上であるアルバム制作におけるその詳細な手順（手法）が掲載されているので、リマスタリングの実例として以下そのままの原文で紹介したい。

＊Analog Tape Master
　「ミックスダウンマスターをSTUDER A820にて再生し、アナログドメインでコン

プ、EQで微調整、DCSでA/Dしデジタル化、その後、デジタル上で音質、音量を調整、DAW/Sequoiaにて、96kHz 24bitファイル作成。」

＊DAT／CDマスター

「PCM-7010で再生、eclipse384でD/Aし、アナログドメインでコンプ、EQで微調整の上、DCSでA/D、DAW/Sequoiaにてソニーのレストレーションツールで高域を補正し、デジタル上で音質、音量を調整し、96kHz 24bitファイル作成。」

　これらの例では、マスター音源がアナログの場合はそのまま、デジタルの場合はD/A変換してアナログ領域でコンプレッサー、イコライジングを実行した後に再度A/D変換して、デジタル領域でのマスタリングを実行している。具体的なハードウェア機材名が掲載されているので、その幾つかのスペックを検証してみたい。

＊STUDER A820

　STUDER A820はアナログレコーディング業界でのレジェンドといえるオープンリールテープ録音機器の定番/名機である。最速テープスピード（30ips）におけるスペックは次の通りである。いい音のLPレコード、リマスタリングしたCDDAでもマスターはこのスペック以下であるという事実がある。当然、ハイレゾでリマスタリングしても同じ。

　・周波数特性（±2dB）：40Hz〜22kHz

　・S/N比（A-Weighted、ダイナミックレンジと見なせる）：77dB

＊eclipse384

　Eclipse384は民生用、プロ/スタジオ用の各種デジタルオーディオ機器を扱うAntelope Audioの高性能A/D・D/Aコンバーターユニットである。同社Webサイトによると生産中止モデルとなっている。スペックは最大fs＝384fsに対応し、A/D・D/A変換におけるダイナミックレンジとTHD＋N特性は次の通りであり、これはハイレゾに相応しい優れた特性を有している。少なくともA/D・D/A変換工程でのロス（特性劣化）は最小限か無視できるレベルと言える。

　・A/D：ダイナミックレンジ＝123dB。THD＋N＝0.0004%

　・D/A：ダイナミックレンジ＝129dB。THD＋N＝0.0004%

　これらはマスタリングの一例であって音楽レーベル会社、録音/マスタリングスタジオと各エンジニア、制作プロデューサー等の意図により手順（制作方式）は異なる。最近ではマスター音源をDSD変換してのマスタリングが一部に浸透している。但し、DSDの項で解説した通り、DSD信号はその原理から直接の信号処理（ミキシング、イコライジング等）が不可能（最新機材では一部処理可能）のため、DSD→PCM変換後に編集処置をしてその後再度PCM→DSD変換をするといった複雑な工程を必要とするケースがある。

5-4. 真のハイレゾアルバム/ソフトとは

　真のハイレゾアルバム/ソフトについて定義すれば前項で解説した通りで、ハイレゾ録音/マスタリングのものである。しかし、一般ユーザーの観点から見ると、ハイレゾ配信サイトではハイレゾアルバム/ソフト個々に対する録音/マスタリング情報が明確に記述されていないものが少なくない。このことは、ユーザーの観点からすると選択のための情報が欠けていることになり、購入してから失敗したという経験者も同様に少なくない。前項では物理的なスペックでの観点でのハイレゾ制作について検証したが、制作販売レーベル/レコード会社の作品（製品）サイトからのハイレゾアルバム/ソフトを実際に検証する。

●ハイレゾ録音/マスタリングアルバム/ソフトは音質/スペックともに真のハイレゾ

　ハイレゾ配信を前提として新規にハイレゾフォーマットで制作されたアルバム/ソフト前述の通り、音質面、スペックともに真のハイレゾである。フォーマットとしては完全にハイレゾであるが、アルバム（演奏家、音楽ジャンルと曲等）としての魅力ある作品が少ないのが残念。音楽ファンというよりオーディオファン向けと言えるかもしれない。
＊『松田聖子／ SEIKOJAZZ』
　図112にハイレゾ配信サイト、e-onkyoのWebサイトから松田聖子のハイレゾJazzアルバムの掲載部（抜粋）を示す。ファイル形式はFLAC、24ビット/96kHzフォーマットである。アルバム解説に新録音であることが記述されており、このソフトは真のハイレゾであることが分かるが、録音情報詳細については記述がない。

図112 真のハイレゾアルバム/ソフトの例-1

　商品情報に中にⓅ、Ⓒに続いて西暦年が示されているが、これは著作権関係の権利/保護が発生した年を示している。Ⓟは原盤に関する保護、Ⓒは国際的な著作権（ジャケットデザイン等を含む）保護である。通常、録音年はほぼ同じであるので、この情報から録音

時期が判断できる。どちらも新しければ最新録音と判断できる。当アルバム/ソフトの場合は、Ⓟ2017、Ⓒ2017の記載があるので最新録音であることの証明になっている。逆にいずれかが10年以上前のものであれば、それはハイレゾ録音したものではない場合が多い。特に1982年以前のものであれば、まだCDDAが登場する前の時代であるので音源マスターはアナログマスターテープである。
＊『ノラ・ジョーンズ／ Day Breaks』
　図113に真のハイレゾアルバムの例-2として同様にe-onkyoサイトからノラ・ジョーンズの最新アルバムを示す。

図113　真のハイレゾアルバム例-2

　当アルバム/ソフトの場合は、Ⓟ2016、Ⓒ2016で2016年の比較的新しい録音であることが分かる。ファイル形式は24ビット/96kHzのFLACのみである。松田聖子も同様だが、何故WAVファイルがないのかや24ビット/192kHzがないのかの説明はないが、録音機材がfs＝96kHzまでの対応機器であったのではないかと推測される。
＊『チェコフィルハーモニー楽団、ドヴォルザーク交響曲＆協奏曲』
　図114に真のハイレゾアルバムの例-3として、上野耕平、BREATH-J.S.BachxKoheiを示す。

図114　真のハイレゾアルバム例-3

5 ハイレゾアルバム/ソフトの現状

　当アルバムはWAVとFLACのファイルが用意されているが、24ビット/192kHzのみであり、何故96kHzを用意しないのか疑問である。また、Ⓟ2017は表示されているがⒸは表示されてなくこの理由は不明である。原盤登録が2017年であり、最新ハイレゾ録音であることに間違いないが、アルバム情報では本人のプロフィールや収録曲解説はあるものの録音に関する情報がないので、本当にハイレゾ録音かを筆者なりに調べたところ、バッハに関係の深いドイツの協会で録音されたものであることは分かった。流石に録音機材までは確認することはできなかったが。

●ハイレゾマスターからのリマスタリング・アルバム/ソフトも真のハイレゾ

　音源マスターがハイレゾであり、ハイレゾフォーマットでリマスタリングしたものも真のハイレゾと言える。既存のアルバム/ソフト（CDDAの場合ハイレゾマスターから16ビット/44.1kHzにマスタリング。または稀にDVD-Audioフォーマット）にて発売済みでハイレゾ配信用にリマスタリングしたアルバム/ソフト。既に発売済みのCDDAとの比較試聴ができるのもメリットとなる。DVD Audioが登場した2000年以降の録音では少ないながらもハイレゾ対応音源マスター（主に24ビット/96kHz）があり、このマスターからリマスタリングしたハイレゾアルバム/ソフトも音質/スペックともに真のハイレゾと言える。

＊『矢野顕子／Akiko』

　図115にYAHAMA MusicのWebサイトから矢野彰子のハイレゾ・リマスタリングアルバムの紹介部分（抜粋）を示す。

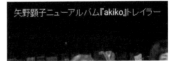

図115　ハイレゾ・リマスタリングアルバムの例

119

＊『坂本龍一／八重の桜の桜オリジナルサウンドトラック』
　坂本龍一の所属するCommmonsレーベルは、既発のCDDAアルバムのハイレゾ・リマスタリング作品を多くリリースしている。図116に配信サイトmoraに掲載のハイレゾアルバム、八重の桜オリジナルサウンドトラックの例を示す。

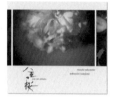

NHK大河ドラマ「八重の桜」- オリジナル・サウンドトラック III

坂本龍一｜中島ノブユキ
レーベル　　commmons
配信開始日　2014.11.05
収録曲数　　全24曲
収録時間　　1:08:18
サイズ合計　4.5GB

販売データ　｜ハイレゾ｜FLAC｜192.0kHz/24bit

図116　ハイレゾ・リマスタリングアルバム例-2

　このシリーズのマスター音源は2013年に録音された24ビット/fs＝48kHzフォーマットのハイレゾ・マスター源であり、このアルバム/ソフトも真のハイレゾアルバム/ソフトと言える。ハイレゾアルバムとしてはPCM（FLAC）だけでなくDSDフォーマットのものもリマスタリングで制作/販売されている。特筆すべきは、リマスタリング工程に関して詳しい解説がされていることである。図117にCommmonsのHPに掲載の八重の桜他のリマスタリングに関する解説を示す。解説工程を簡単に解説すると24ビット/48kHz音源をデジタル領域で32ビット/192kHzに変換、これをD/A変換してコンプレッサー等の音響処理を行い、再度A/D変換してPCM/DSDのハイレゾフォーマットしている。

```
「八重の桜 オリジナル・サウンドトラック Ⅰ」（2013/1/30 発売作品）
「八重の桜 オリジナル・サウンドトラック Ⅱ」（2013/7/31 発売作品）
「八重の桜 オリジナル・サウンドトラック Ⅲ」（2013/11/13 発売作品）
48KHz 24bitのスタジオ・ミックス・マスターを32bitにビット拡張、192KHzにアップコンバート、192Khz 32bitでPro
Tools 11でPCMドメインで微調整。
RMEにてDAし、アナログドメインで、 Rockruepel COMPONE amp -The Dangerous BAX EQで微調整の上、
EMM Labs ADC8で、5.6MHz DSD -TASCAM DA-3000に取り込み。KORG AudioGate convert 5.6MHz DSD to
2.8MHz DSD、192KHz and 96KHz 24bit。

「Playing the Orchestra 2013」（2013/12/11 発売作品）
Mastering process "Playing the Orchestra 2013"、
mixed master on 48kHz 24bit WAV、
Up convert to 5.6MHz DSD playback on KORG Clarity with MR-8080U
- Rockruepel COMP ONE amp - The Dangerous BAX EQ
A/D on EMM Labs ADC8 - 5.6MHz DSD - TASCAM DA-3000
Convert to High-Resolution (2.8MHz DSD, 192KHz 24bit and CD masters)
Convert to 192KHz 32bit (sync to video) for video work master.
Convert to 192KHz 24bit (for BD master) and 96KHz 24bit (for DVD master)
48KHz 24bitのスタジオ・ミックス・マスターを5.6MHz DSDにアップコンバートの上、KORG ClarityにてS.6MHz
DSDドメインで微調整。KORG MR-8080UでDAし、アナログドメインで、Rockruepel COMP ONE amp - The
Dangerous BAX EQで微調整の上、EMM Labs ADC8で、5.6MHz DSD - TASCAM DA-3000に取り込み。KORG
AudioGate convert 5.6MHz DSD to 2.8MHz DSD、192KHz and 96KHz 24bit。
```

図117　リマスタリング工程解説

5 ハイレゾアルバム/ソフトの現状

●上記以外のリマスタリングのアルバム/ソフトは準ハイレゾ

　一部のWebや個人ブログ等ではこうしたハイレゾを「ニセレゾ」と揶揄しているケースもあるが、フォーマットとしては確かにハイレゾフォーマットであり、市場に流通しているアルバム数は最も多い。このようなアルバム/ソフトを真のハイレゾに分類しないで「準ハイレゾ」と扱うことに対しては賛否両論あると思えるが、客観的な電気スペック等を総合的に判断して、ここでは「準ハイレゾ」とさせていただいた。

　これらのアルバム/ソフトは、マスターがアナログテープまたはCDDAスペックなのでハイレゾ化の効果は前述の真のハイレゾに比べたら少ないと言える。多くの場合、ハイレゾ対応リマスタリングによる音質調整の効果は相応にあると思える。また、ハイレゾ化により量子化ノイズレベルはCDDAに比べて確実に無視できるレベルに改善される。音質の良くないCDDAアルバムがリマスタリングにより相応の音質改善ができたとするならそれなりの価値はある。この場合、ハイレゾ化というよりハイレゾ対応リマスタリングでの結果であるといえる。実際にハイレゾ化のリマスタリングでは、ハイレゾ対応のために高度な技法を用いて各種の処理を行い、時間もかけ納得のいく仕上げ状態にしたリマスタリング版と、単純にフォーマット変換メインのリマスタリングがあり、後者は商業的な色合いが濃いと言える。この見極めは難しいが、アルバム/ソフト情報を丹念に調べるとある程度の判断ができるケースもある。

＊『ウィーンフィルハーモニー、ブラームス・ピアノ協奏曲』
　図118にe-onkyoにおけるハイレゾ配信クラシックアルバムの例を示す。
　この例では、Ⓟ1997……、Ⓒ1997……の商品情報からアルバム発売は1977年であり、この時代には勿論ハイレゾもCDDAもないので、録音(マスター)が非ハイレゾマスター(アナログテープ)であることが分かる。またアルバム/ソフト情報に1976年ウィーン、ムジークフェラインザールでの録音であることが記述されている。

　　　　図118　ノンハイレゾマスター・アルバムの例-1

ファイル形式はFLAC、24ビット/192kHzのみで、WAVがないことや24ビット/96kHz版がないことの理由は不明である。さて、当アルバム/ソフトの検証をしていて驚いたことがある。同じアルバムのDSD版が同じe-onkyoサイトのクラシックコーナーで配信されていることである。図119にDSD版の配信画面を示す。

図119　ノンハイレゾマスター・アルバムの例-2

　本書アルバム紹介図では画面キャプチャーの関係もあり図116も含め販売価格は表示していないが、当アルバムのDSD版は、FLACの2倍以上である。これは「ファイルサイズ」の違いによるものと思われるが高額すぎる。
＊『ジム・ホール／アランフェス協奏曲』
　図120に40年前のジャズアルバムのハイレゾ・リマスタリング盤の例を示す。Ⓟ2013とあるが、オリジナルはCTIレーベルの1975年録音であるので、キングレコードに版権が移ったためと思われる。本アルバム/ソフトはリマスタリングに関する詳細な解説もあり、その一部をそのまま掲載するが、音源マスターテープをキングレコードが所有していることできるものである。

図120　ノンハイレゾマスター・アルバムの例-3

5 ハイレゾアルバム/ソフトの現状

＊『サリナ・ジョーンズ／フィーチャリングACジョビン』
　図121に1994年発売のリマスタリング版の例を示す。このケースでも℗マークに西暦は記入されていないが、アルバム情報に1994年に発売した16ビット/44.1kHzのススター音源を制作会社、ビクターエンタティメントの独自開発技術"K2HD"を用いてハイレゾ化リマスタリングした旨の解説が記載されている。

図121　ノンハイレゾマスター・アルバムの例-4

＊『八神純子／思い出は美しすぎて』
　図122にリマスタリングでもアルバム単位でなくシングル単位でのハイレゾソフトでの販売例を示す。ファイル形式が？マークであるが、下段をタップして形式を選択する方式である。このハイレゾソフトは単純にフォーマット変換だけのリマスタリングと思われる。

図122　ノンハイレゾマスター・アルバムの例-5

これらの「準ハイレゾ」ソフトはスペック的にはそのフォーマットの理論/原理からの基本原則がある。

＊録音されている音の基本ダイナミックレンジ特性はオリジナルと同じ（CDDAクォリティ）。但し、A/D工程を含むリマスタリングはハイレゾ化により再生時の量子化ノイズは低くなるので、アルバム/ソフトとしてのダイナミックレンジは向上する。

＊録音されている音の周波数帯域特性はオリジナルと同じ。但し、ハイレゾ化により再生機器での周波数特性が広帯域になったことで帯域内信号の過渡応答特性は向上する。

　音楽再生の原点に戻ると、ハイレゾは「よりいい音で音楽を楽しみたい」という要求に対するひとつのSolutionであることは確かである。音質と音楽は完全に個人主観による好みの問題であるので「いい音」の判断は個人によって異なることも確かである。こうした観点からは、マスタリング作業は「よく聴かせるためのテクニック」であり、「音質を最終決定する」ものである。従って、ハイレゾに限らず個々の音楽ソフトのマスタリングの出来不出来による音質の差異はフォーマット（スペック）の枠を超えて存在すると思われる。極端な話、個人主観において好みの演奏家のよる好みの曲のCDDA再生は、好みでないハイレゾソフト再生よりは価値が高いと言える。本項ではハイレゾアルバム/ソフトの録音/制作側のハードウェア・スペックについて検証したが、幾多あるハイレゾアルバム/ソフトは音楽/演奏は置いておいても、その録音/制作方法が重要である。またハイレゾ再生においては後述するハイレゾ再生機器のハードウェア・スペックが重要である。

5-5. ハイレゾ配信サイト

　本項では、ハイレゾアルバム/ソフトを入手（購入）するのにアクセスするハイレゾ配信サイトについて検証する。ハイレゾソフトの配信サイトは日本国内だけでも複数あり、ハイレゾ専用ということでなく音楽ジャンルも邦楽、洋楽、ポップス、ロック、ジャズ、クラシック、歌謡曲、CM/アニメソング等と幅広い。「AKBやアニメソングをハイレゾで聴く人はほとんどいないので、流石にハイレゾ配信はジャズ、クラシック中心か」と思ったら大間違いであった。実際には何でもハイレゾであり、これは音楽文化というよりは関係業界/企業の商魂である。一方、海外サイトでは音楽文化の違いか、クラシックやジャズを中心にした名演奏（家）の音楽を真のハイレゾで配信しているものが多く、MQA等最新のフォーマットでのソフトも見かけられる（一部超マニア向けかも知れないが）。

　ハイレゾ再生には音楽ファイルをコントロールする専用アプリ（ソフトウェア）が必要であるが、各サイトでは独自のアプリを用意しているケースが多い。特にハイレゾ対応のポータブル機器やスマートフォンの普及により、WindowsやMacといったPCベースの専用アプリはもちろんのことポータブル機器/スマートフォン用の専用アプリも用意されて

5 ハイレゾアルバム/ソフトの現状

いる。また、配信サイトはいろいろなレーベル（レコード会社）が制作したアルバムの配信/販売サイトであってアルバム/ソフトの制作はしないので、制作レーベルに関する検証も合わせておこなう必要があると言える。

●配信サイトの概要

代表的なハイレゾ配信サイトとその概要を次に掲げる。

＊e-onkyo

株式会社オンキヨーエンターティメントテクノロジーの提供する国内最大手。ハイレゾファイルはWAV、FLAC、DSD、邦楽、洋楽ともに充実しており、ソフト（アルバム）数は国内で最も多い。e-onkyoと提携した自動ダウンロード機能ソフトもあり便利性も高い。図123にe-onkyoトップページの画面キャプチャー例を示す。

図123　e-onkyoトップページ画面例

図124　e-onkyoトップページ画面例-2

Musicコーナー画面を下方にスクロールしていくと、図124のようなNew Release（新作）とTop10アルバム情報が表示されている。
＊OTOTOY
　株式会社オトトイの提供するサイト。ハイレゾファイルはWAV、FLAC、DSD、ALAC。邦楽はインディーズ系のソフトが中心だがジャズやクラシックもある。図125にOTOTOYのトップ画面からハイレゾをクリックしたハイレゾ・コーナーの画面を示す。

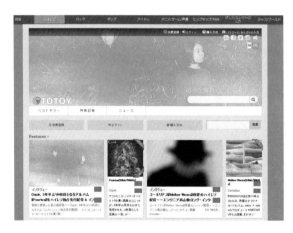

図125
OTOTOY ハイレゾページ画面例

＊mora
　株式会社レーベルゲートの提供するサイト。ハイレゾファイルはFLAC、DSD。ハイレゾ以外の圧縮形ファイルも提供しているので間違えに注意。邦楽、洋楽、ポップス、クラシック、ジャズと幅広いジャンルのソフトがある。図126にmoraのトップページからハイレゾをクリック、ハイレゾ・コーナーの画面表示例を示す。

図126　mora ハイレゾ・コーナー画面例

この他にもレコチョク、オリコンミュージックストア等がある。また、Victor Studio HD-Musicのように2017年5月で終了したサイトもあり、サイトの最新情報についてはネットで確認することを推奨する。特にダウンロードの制限や支払い方法の自由度（クレジットカードと他の方法）は希望のソフトを購入する上でサイトの選択上重要である。

海外サイトでは、高音質録音で定評のあるチェスキーレコードが提供するHD Tracks、英国のオーディオメーカーLINNの提供するLINN Records等があるが、日本からは購入できないという根本的な問題がある。

●音楽レーベル（レコード会社）

音楽ジャンルは幅広く、音楽レーベル（各レコード会社）もそれぞれにハイレゾに限らず得意な音楽ジャンルがある。ここではハイレゾの観点から音にこだわりのリスナーが多いジャズとクラシックをメインにして各レーベルとハイレゾ対応について検証する。

*ユニバーサルミュージック

米ユニバーサルミュージックグループの業界最大大手で日本法人はユニバーサルミュージック合同会社。幅広いジャンルを有するが、ジャズではユニバーサルジャズ、クラシックではユニバーサルクラシックがある。ジャズ系ではA&M、EMI、ブルーノート、ヴァージンレコード等のレーベルを有する。特に1950〜60年代のジャズの名門ブルーノートのLP時代の名盤ジャズアルバムのハイレゾアルバム/ソフト（本書の分類では準ハイレゾ）を多く制作している。

*ワーナーミュージック

米ワーナーミュージックグループの業界大手で日本法人はワーナーミュージックジャパン株式会社。ユニバーサルと同様に幅広いジャンルを扱っている。ジャズではアトランティック等のレーベルを有するが、ハイレゾは同様に準ハイレゾが多い。

*ソニーミュージック

株式会社ソニーミュージックエンターティメントがグループ会社の音楽事業を統括する。メジャー企業だけにジャンルも幅広いが。ハイレゾに関してはジャズとクラシックでは、24ビット/48kHzのハイレゾやDSDが多いのと、ソニーグループなのでWalkman用のソフト配信もしているのが特徴。

周知の通り、レコード会社はこの他にもエイベックス、ポニーキャニオン、JVCケンウッドビクターエンターティメント、日本コロムビア、ヤマハミュージック等の大手を初めとして多くあるが、ハイレゾに関しては一部扱っているという程度であり、主体は売れ筋のジャンルになる。**図127**にワーナーミュージック、**図128**にソニーミュージックのホームページTOP画面例を示す。いずれの場合もArtistやジャンル等からの検索機能があるが、

「ハイレゾ」のコーナーは特定して用意されていない。これは制作レーベル会社共通であり、ハイレゾ配信会社との商業的提携での方針かも知れない。

図127　ワーナーミュージック・トップ画面例

図128　SONYミュージック・トップ画面例

5 ハイレゾアルバム/ソフトの現状

●制作レーベルと配信サイトの情報

　ハイレゾにおける業界の提携関係をまとめると、制作レーベル（レコード会社）＝アルバム制作、配信サイト＝アルバムの販売・配信ということになる。気になるのは全ての制作レーベルが決してハイレゾを前面にフィーチャーしていないことである。録音情報が不完全なのは共通であるが、制作レーベルによってはアルバム（CDDA）の曲リストは当然掲載されているものの、ハイレゾ配信がされていることが掲載されていないケースもある。当然、配信サイトの方にはハイレゾアルバム/ソフトとして掲載されている。こうして見ると、ハイレゾアルバムのより完全な情報を把握するには配信サイトと制作レーベルの両方にアクセスしなければならないこととなる。

　図129にフルート奏者、酒井麻生代さんの2016年10月発売のアルバム『Silver Painting』の掲載例を示す。同図上側は制作元のポニーキャニオンのサイトでのアルバム紹介ページ、下側は配信サイトe-onkyoにおけるアルバム紹介ページ（どちらも抜粋）である。制作元であるポニーキャニオンのサイトではアルバム名/CDDA販売価格が掲載されているが、ハイレゾに関しての情報は掲載されていない。一方、e-onkyoのサイトでは同じアルバムがハイレゾソフト（24ビット/96kHz・WAV/FLAC）として配信、紹介されている。制作元（レコード会社）としてはCDDAの売上がメインであることによると推測される。

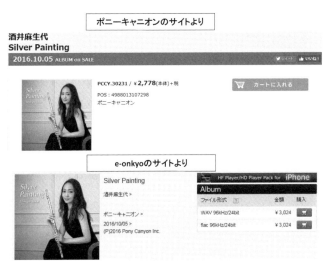

図129　制作レーベルと配信サイトによるアルバム紹介例

当アルバムはクラシックの名曲をジャズにアレンジしたフルート＋ピアノトリオによる好演であり、録音もハイレゾ録音/マスタリングの優れた音質である。もちろんCDDAでもその演奏は十分楽しめる。

同様に、カーラ・ブルーニの2017年発売のアルバムでの例を図130に示す。発売元のユニバーサルミュージックのアルバム/ソフト情報ページではCDDA（SHM-CD）での発売情報は掲載されているが、ハイレゾ配信の情報は掲載されていない。一方、ハイレゾ配信サイトe-onkyoではハイレゾ配信情報が記載されている。

図130　制作レーベルと配信サイトによるアルバム紹介例-2

このアルバム/ソフトのハイレゾフォーマットは珍しいものである。同図での掲載を見て分かる通り、FLAC、24ビット/48kHzである。24ビット量子化ビット数/基準サンプリングレート・fs＝48kHzは確かにハイレゾフォーマットに該当するが、何故fs＝48kHzなのかは疑問である。

図131にジャズピアニストとしてここ数年着目を浴びている高木里代子さんのアルバム紹介例を示す。当アルバムはHD Impressionというマイナーなレーベルであるが、紹介ページにはハイレゾ供給先（e-onkyo）とCDの発売先が掲載されている。

酒井麻生代さんのSilver Painting、高木里代子さんのSalon II共にハイレゾ録音、ハイレゾマスタリングであり、真のハイレゾアルバム/ソフトである。

5 ハイレゾアルバム/ソフトの現状

アルバム 「Dream of You ~ Salone Ⅱ 」

01 Morning Light
02 Dream of You
03 Wave
04 It Could Happen To You
05 Caravan
06 Misty
07 Tea for Two
08 Colorless World
09 Love for Sale
10 My Foolish Heart
11 映画音楽メドレー
　(シェルブールの雨傘〜ライムライト
　〜禁じられた遊び〜タラのテーマ
　〜As Time Goes By〜ひまわり)
12 Tomorrow Never Die

Hi-Res DOWNLOAD SITE

CD STORE

図131　高木里代子アルバム紹介例

131

APPENDIX-4

　e-onkyoサイトにおいて2017年上半期の最も聴かれたハイレゾアルバムのBest3を図132に示す。やはりジャズとクラシックはハイレゾファンの中心なのかもしれない。

【総合アルバム・ランキング 第1位】
『HD Jazz Volume 1』/Various Artists

【総合アルバム・ランキング 第2位】
『Live at Art d'Lugoff's Top of the Gate』/Bill Evans

【総合アルバム・ランキング 第3位】
『ハイレゾ クラシック the First Selection (eilex HD Remaster version)』/Various Artists

図132　ハイレゾアルバムランキング例

Chapter 6

ハイレゾの再生

> 6-1. ハイレゾ再生の基本
> 6-2. PC/USBオーディオ
> 6-3. ネットオーディオ
> 6-4. ハイレゾの音楽管理ソフト
> 6-5. 簡単なハイレゾ再生

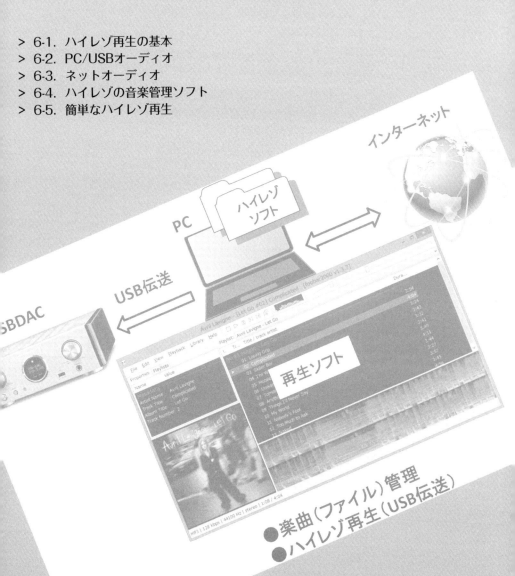

6 ハイレゾの再生

　PC（パソコン）を用いるハイレゾ再生は、一言で言ってしまえば面倒な印象である。PC/ネット環境に対する知識と経験がある程度求められることから、往年のオーディオファン、特に高年齢化しているオーディオマニアからハイレゾが敬遠されている理由のひとつになっていることは否めない。ハイレゾ以外のオーディオはLPレコード再生、CDDA再生ともに、とりあえず各オーディオ機器間に信号ケーブル接続するだけで済んだものが、ハイレゾ再生ではPCや機材にいろいろな設定をしなければならない。本章ではハイレゾ再生の実際とハイレゾ機器について解説する。

　日本オーディオ協会はそのWebサイトにて詳しくハイレゾ再生のための手順を解説している。使用機器により若干の違いはあるものの基本的にはこの解説が一番わかりやすいので参照にされたい。また、解説図等を流用させていただく。

6-1. ハイレゾ再生の基本方式

　ハイレゾ再生方法は従来のCDDA等のディスク系再生システムとことなり、保存した音楽ファイル（ハイレゾソフト）を再生するのが最大の特徴である。このファイルの保存場所（機器）により主に次の2種類に分類される。ここでの呼称、PC/USBオーディオおよびネットオーディオはハイレゾオーディオ分野における通称であり、正式な定義ではないことを承知いただきたい。

●PC/USBオーディオ

　音楽ファイルの保存はPC（PCのハードディスク）であり、USBインターフェースを介してUSB-オーディオ変換機能を有するUSB DACでアナログオーディオ信号を出力する。当然PCのハードディスク容量に対する保存ソフト容量の制限があり、使用する接続機器によりUSBインターフェースでの設定が面倒（ドライバーソフトのダウンロードとPCへのインストール）となる。

●ネットワークオーディオ

　音楽ファイルの保存はネットワークプレーヤー（HDD内蔵）またはNAS（Network Attached Storage）で、ルーターを介したDLNA（Digital Living Network Alliance）というLANケーブルで各機器間を接続する。PCはダウンロードに、LAN接続されたネットワークプレーヤーが保存ハイレゾファイルをアナログオーディオ信号に変換して出力する。最近では音楽用NASが多く登場しており、保存容量および設定の面ではユーザーフレンド

リーとなりつつある。また、ネットワークプレーヤーの発展型としてミュージックサーバー/プレーヤーと呼称する機器もあるが、本項ではネットワークオーディオに分類する。

6-2. PC/USBオーディオ

図133にPC/USBオーディオの基本構成ブロックを示す。PCはネットを介してのハイレゾソフトのダウンロードと管理に用いる。PCに保存された音楽ファイルはUSBインターフェースでUSB DAC（USBインターフェースで受信したハイレゾ信号をオーディオ信号に変換する機器、Digital-Analog-Converter）に伝送され、USB DACがオーディオ信号を出力する。USB DACのオーディオ出力は一般的なプリメインアンプなどに伝送され、スピーカーシステムによりオーディオ再生する。

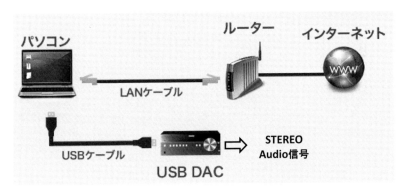

図133　PC/USBオーディオの構成例

●USB接続と実製品例

ここでの課題はPCのUSB接続である。PCの年式にもよるがWindowsではUSB規格対応が異なる。標準的にはUSB2.0、USB Audio Class1（24ビット/fs＝96kHzまで）に対応しているが、24ビット/fs＝192kHzに対応するにはUSB Audio Class2が必要である。このため、基本的にはUSB DAC製品に付属しているドライバーのインストールも必要となる。MAC OSでは標準的にUSB Audio Calss2に対応しているので特別なケースを除いてUSBドライバーは必要ない。
＊USB Audio Class1（24ビット/fs＝96kHzまで対応）
＊USB Audio Class2（24ビット/fs＝192kHzまで対応）
　Windowsにおいて更には、PC内におけるオーディオストリームをハイレゾ再生に対

応させるためにWASAPI（Windows Audio Session API）の排他モードを設定するためのソフト（Foober2000等）のインストールと設定が必要となる。これはWindows OSにおいて、標準装備のオーディオマネージャー機能が、様々なオーディオ信号（PC操作音やYouTube再生音等）をコントロールするデコーターが自動的にフォーマット設定してしまうのをハイレゾ再生時にはハイレゾ対応フォーマットで出力されるためのAPIである。また、DSD再生においても専用のプラグインソフトのインストールと設定が必要となる。

　これらの詳細は使用するUSB DAC機器により異なるので、実際に製品購入を検討する際には各社Webページ上の製品情報をよく確認することは必修である。オーディオ雑誌等における製品評価レポートや製品レビュー記事も参考になるはずである（音質レポートでなく、使い勝手に関して）。本項ではハイレゾ対応USB DAC製品の実例について、幾つか解説する。

● デノン　USB DAC/ヘッドフォンアンプ　DA-310USB

　最初にコストパフォーマンスに優れたデノンDA-310USBについて解説する。

　図134にDA-310USBの外観図を示す。当製品はUSB DAC/ヘッドフォンアンプであり、ライン出力をプリメインアンプに接続して使用することもできるが、PCとのUSB接続とハイレゾ対応ヘッドフォンで簡単にハイレゾを楽しむこともできる。サイズも小型であり設置場所を選ばない利便性がある。

図134　デノン DA-310USB外観図

ハイレゾフォーマット対応は次の通りである。
* USB入力：PCM32ビット/fs＝384kHz、DSD11.2MHz
* S/PDIF入力：PCM24ビット/fs＝192kHz

　また、図135にDA-310USBの背面図（リアパネル）を示す。

　同図を見て明らかなように接続はいたってシンプルである。PCとのUSBケーブル/コネ

クタ接続と外部電源接続のみで基本動作は可能である。USBの説明で省略したがUSBケーブル/コネクタのタイプ（本製品はUSB-Bタイプ）の確認が必要である。

　また、図136に同社Webページにおける DA-310USBの製品解説、主な特徴を表示しているページにおけるUSBドライバーに関する表示部を示す。

図135　DA-310USB背面図

図136　USBドライバーダウンロード情報部

　当ケースの場合、USBドライバーは2種類用意されており、最新のWindows10用のものとWidows8およびそれ以前のバージョン用である。同図からも明らかなようにUSB DACをWindows PCで使用する場合は製品固有のUSBドライバーをPCにインストールしなければならない。ドライバーソフトはWindowsのバージョン別に用意されており適切なものを選択しなければならない。また、ソフトウェアも暫時バージョンアップされることがあり、必要に応じてバージョンアップ対応しなければならない。

　図137に、同様に製品取り扱い説明書に記載されているPCとの接続解説例を示す。MAC、Windows共に対応OSバージョンが規定されているので、所有PCのOS対応の確認も必要である。

```
パソコンと接続して再生する（USB-DAC）

パソコンに保存している音楽ファイルをUSB接続で本機に入力すると、本機に搭載しているD/Aコンバーターで、高音質な音楽再生をお楽
しみいただけます。
・本機とパソコンをUSB接続する前にパソコンに専用ドライバーソフトをインストールしてください。
・Mac OSをご使用の場合は、ドライバーソフトのインストールは必要ありません。
・パソコンの再生プレーヤーには市販品またはダウンロード可能なお好みのプレーヤーソフトをご使用ください。

パソコン（動作環境）
OS
・Windows 7、Windows 8、Windows 8.1およびWindows 10
・Mac OS X 10.9、10.10および10.11
USB
・USB 2.0：USB High speed/USB Audio Class Ver.2.0

ご注意
・当社ではこれらの動作環境で確認をしていますが、すべてのシステムでの動作を保証するものではありません。
```

図137　PCとの接続解説例

●コルグ　USB DAC/ADC、DS-DAC-10R

　小型ながら多機能と使いやすさ、DSD対応を特徴としたコルグのUSB DAC、DS-DAC-10Rの外観図を図138に示す。

図138　DS-DAC-10R外観図

　本機のハイレゾ対応は次の通りである。
＊USB入力：PCM24ビット/fs＝192kHz、DSD・5.6MHz
　S/PDIF入力は設けていない。本機の最大の特徴はA/Dコンバーター機能も有しており、付属のソフトウェア（Audio Gate）により、アナログ音源のハイレゾPCM/DSD録音も可能であることである。図139に本機の製品取扱説明書に記載のドライバーインストールに関する説明（抜粋）を掲げる。

6 ハイレゾの再生

```
ダウンロードとインストール ------------------------------------- 3
    Windowsの場合 ------------------------------------------------ 3
        ASIOドライバー/AudioGateのインストール ----------- 3
    Macの場合 ------------------------------------------------------ 6
        AudioGateのインストール -------------------------------- 6

ASIOドライバー/AudioGateのインストール

1  下記のAudioGate 4のダウンロード・ページにアクセスします。
   http://www.korg.com/products/audio/audiogate4/download.php

2  "AudioGate and DS-DAC Setupダウンロード"を選択し、Windows用のダウンロー
   ド・ボタンを押して、Setupプログラムをダウンロードしてください。

3  ダウンロードしたZIPファイルを解凍して、"KORG AudioGate and DS-DAC
   Setup"フォルダー内のSetupを実行し、KORG AudioGate and DS-DAC Setupパ
   ネルを表示します。

4  "DS-DAC-10R Driverのインストール"をクリックしてASIOドライバーをインストー
   ルしてください(4ページの「● ASIOドライバーのインストール手順」参照)。

5  続けてAudioGateをインストールするときは、KORG AudioGate and DS-DAC
   Setupパネルの"AudioGateのインストール"をクリックしてください。
   インストール中に表示される"AudioGateのアクティベーションについて"をよくお読
   み頂き、インストールを完了させます。

6  "終了"をクリックし、Setupプログラムを終了してください。
```

図139　ドライバーインストールに関する説明例

●パイオニア　USB DAC、U-05

図140にパイオニア（PIONEERブランド）のUSB DAC、U-05の外観図を示す。本製品は中〜高級グレードの製品であり、ライン出力/ヘッドフォン出力もRCAとXLR（バランス出力）が用意されている。ハイレゾ対応フォーマットは次の通りである。

＊USB入力：PCM32ビット/fs＝384kHz、DSD5.6MHz
＊S/PDIF（COAX）入力：PCM24ビット/fs＝192kHz

図140　パイオニア U-05外観図

139

また、図141に本機のリアパネル外観図を示す。

図141　U-05リアパネル外観図

同図見るとメイン機能のUSB入力端子は1個であるが、デジタルオーディオ・インターフェース入力はS/PDIFではCOAX（同軸）、OPTICAL（光）共に2系統の入力端子を有する。また、AES/EBUフォーマット（S/PDIFのプロ用仕様）の入力端子も設けてある。

アナログ出力はRCA（アンバランス）とXLR（バランス）が設けてある。

USBDACであるので本機もUSBドライバーをPCに自分でインストールする必要がある。図142に本製品のドライバーソフトに関する解説の抜粋を示す。STEP1が抜けているのはpdfに関するものなので省略した。

STEP 2　お使いの動作環境を確認します

Windows OS 環境の場合
STEP3 以降の手順に従って専用のドライバーソフトウェアをダウンロードして、パソコンにインストールします。

Mac OS 環境の場合
DSDを再生する場合は、本ドライバーソフトウェアのインストールが必要です。
DSDを再生しない場合は、インストールする必要はありません。
※ 動作確認環境はダウンロードページをご確認ください。
※ トラブルシューティングについては、STEP3 のインストール用取扱説明書に含まれています。

STEP 3　ドライバーソフトウェア インストール用取扱説明書をダウンロード

Windows用
ダウンロード（PDF 2.53 MB）

Mac用
ダウンロード（PDF 1.82 MB）

STEP 4　STEP3 でダウンロードした取扱説明書の指示に従って専用ドライバーソフトウェアをダウンロードしインストールする。

図142　U-05ドライバーソフト解説抜粋

6 ハイレゾの再生

　こららのドライバーはUSB接続/インターフェースのためのものであり、ハイレゾに対応した音楽ファイルを管理するソフトのインストールも別途必要となる。これについては後述する。

●B.M.C　DAC1PreHR

　図143にドイツのハイエンドオーディオメーカー、B.M.CのUSB DAC、Pure DAC2の外観図を示す。ハイレゾ対応フォーマットの次の通りである。
＊USB入力：PCM32ビット/fs＝384kHz、DSD5.6MHz
＊S/PDIF入力：PCM24ビット/fs＝96kHz

図143　Pure DAC2外観図

　本機の場合海外メーカーの特徴でもあるが、ドライバーソフトに関する情報は少なく、「Mac、Linux及びASIOドライバーによるWindowsに完全対応」としか記述されていない。ドライバーが付属されていることは当然であるが詳細は確認する必要がある。

●USBにおけるDSD伝送

　USBインターフェース規格はPCM形式の音楽データ伝送には対応しているが、DSD形式のデータ伝送には対応していない。このためUSB DACでDSDを再生する場合、PCは特殊な処理をしてDSD信号をUSB伝送することになる。DSD→PCM→DSD変換工程を経由しないことからこれらをNative DSDと呼称している。
＊DoP
　DSD Over PCMの略で、DSDの1ビットデータをPCMのパケット形式に変換して伝送する方式である。後述する音楽再生ソフトまたはUSB DAC付属のUSBドライバーで設定することができる。
＊ASIO2.1

ドイツSteinburg Media Technologyが開発したオーディオドライバー（Audio Stream Input Output）で、ハイレゾが登場する前からプロ/スタジオ用機器での音楽データ伝送用ドライバーとして存在していた。DoPと同様に音楽再生ソフトで動作設定をすることができる。

図144にWindowsでDSD再生をする場合のドライバーインストールと設定手順の抜粋を示す。これは前述のPIONEER U-05の例であり、実際はSTEP1からSTEP10までのかなり複雑な手順となっている。これは基本的には他の機器でもほぼ同じである。

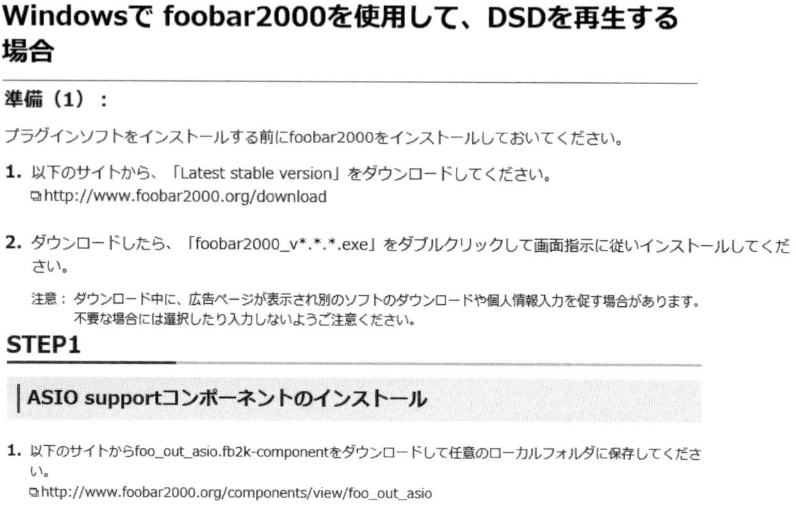

Windowsで foobar2000を使用して、DSDを再生する場合

準備（1）：

プラグインソフトをインストールする前にfoobar2000をインストールしておいてください。

1. 以下のサイトから、「Latest stable version」をダウンロードしてください。
   ⌨http://www.foobar2000.org/download

2. ダウンロードしたら、「foobar2000_v*.*.*.exe」をダブルクリックして画面指示に従いインストールしてください。

   注意：ダウンロード中に、広告ページが表示され別のソフトのダウンロードや個人情報入力を促す場合があります。不要な場合には選択したり入力しないようご注意ください。

STEP1

| ASIO supportコンポーネントのインストール

1. 以下のサイトからfoo_out_asio.fb2k-componentをダウンロードして任意のローカルフォルダに保存してください。
   ⌨http://www.foobar2000.org/components/view/foo_out_asio

図144　DSD再生の設定手順例

6-3.　ネットワークオーディオ

図145にネットワークオーディオの基本構成ブロックを示す。同図もオーディオ協会の解説図から流用させていただいた。ネットワークオーディオでは、インターネット接続しているPC環境に音楽ファイルを保存するNASとネット（DNLA）プレーヤーを加えたものである。

ネットワークプレーヤーはモデルによって大容量ハードディスクも内蔵しているものがあり、ミュージックサーバー/プレーヤーとも呼称され、こうした機器ではNASは省略することができる。PCはハイレゾソフトのダウンロードと音楽ライブラリー管理に用いる。各機器間はルーターを介してLANケーブルで接続し、ネットワークプレーヤーのオーデ

6 ハイレゾの再生

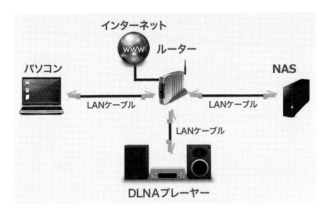

図145　ネットワークオーディオの構成例

ィオ出力はプリメインアンプに接続し音楽再生を実行する。

　ネットワークオーディオではPC/USBオーディオと異なりハイレゾ音楽ファイル伝送にUSBを用いないので、ネットワークプレーヤーをUSB DACとして使用する以外はUSBドライバーのインストールは基本的に必要としない。しかし、図143に示した通り、ネット回線接続なので相互に機器情報を認識するためのIPアドレスの設定が必要不可欠となる。ネットワーク機能から見ると次の3つの要素で構成されることになる。

＊DMP（Digital Media Player）：音楽ファイルの再生機能/機器
＊DMS（Digital Media Server）：音楽ファイルの保存機能/機器
＊DMC（Digital Media Controller）：音楽ファイルの管理機能

　これらのネット回線接続はDHCP（Digital Host Control Protocol）機能を有する機器であればIPアドレス等を自動的に設定することができるが、機器間の接続後に自動設定をすることを操作しなければならない。

　ネットワークプレーヤーは大別するとHDDを内蔵していないネットワークプレーヤーとHDDを内蔵している次の2種類がある。後者はミュージックサーバー、ネットワークサーバー等の新しいカテゴリー名で製品化されている。

●マランツ　NA8005

　再生機能に特化したタイプ（HDD非内蔵）でライブラリー管理等はPCで行い、LANを介してのNASの音楽ファイル再生をメイン機能としているネットワークプレーヤーの例として、図146にマランツのネットワークプレーヤー、NA8005の外観図を示す。ハイレゾ対応は次の通りである（LAN接続）。

＊PCM24ビット/fs＝192kHz（AIFF、WAV、FLAC）、fs＝96kHz（APPLE Lossless）
＊DSD2.8MHz/5.6MHz

　ネットワークプレーヤーであるのでLAN接続は必修で、NA8005取扱説明書に記載されているLAN接続の解説図を**図147**に示す。

図146　NA8005外観図

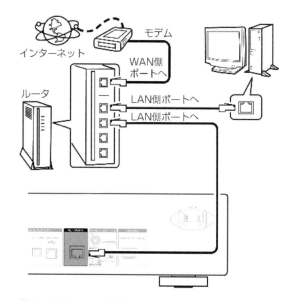

図147　NA8005 LAN接続解説図

　このタイプのネットワークプレーヤーは音楽ファイル管理をPCまたはスマホ、iPad等で行うので、音楽ファイル管理ソフト、例えばWindowsに標準装備のWindows Media Playerを利用する場合は特別なインストールを必要としないが、音楽ファイルを各機器で供用するための設定は必要である。これは、ハイレゾソフトをPCダウンロード、PC内の

6 ハイレゾの再生

HDDにファイルを一時保存、当該ファイルをNASに移動またはコピーといった作業が必要であることによる。

また、モバイル機器とのネット接続には専用アプリでの設定が必要となる。**図148**にNA8005の取扱説明書におけるメディア共用設定の解説例を示す。

メディアの共有設定をおこなう

パソコンや NAS に保存されている音楽ファイルをネットワーク上で共有するための設定をおこないます。
メディアサーバーを使用する場合は、事前に必ずこの設定をおこなってください。

■ Windows Media Player 12
　　(Windows 7、Windows 8)を使用する場合

〔ご注意〕
次の手順は、コントロールパネルの表示方法を"カテゴリ"にしてからおこなってください。

1　パソコンで Windows Media Player 12 を起動する。

2　"ストリーム"から"その他のストリーミング　オプション..."を選ぶ。

3　"Marantz NA8005"のドロップダウンリストで"許可"を選ぶ。

4　"この PC とリモート接続のメディアプログラム..."のドロップダウンリストで"許可"を選ぶ。

5　画面に従い、設定を終了する。

■ Windows Media Player 11 を使用する場合

1　パソコンで Windows Media Player 11 を起動する。

2　"ライブラリ"から"メディアの共有"を選ぶ。

3　"メディアを共有する"をチェックして"Marantz NA8005"を選び、"許可"をクリックする。

4　手順 3 と同様に、メディアコントローラーとして使用したい機器(他のパソコンやモバイル端末)のアイコンを選び、"許可"をクリックする。

5　"OK"をクリックして終了する。

■ NAS に保存したメディアを共有する

本機およびメディアコントローラとして使用したい機器(他のパソコンやモバイル端末)が NAS にアクセスできるよう、NAS の設定を変更してください。詳しくは、ご使用の NAS に付属の取扱説明書をご覧ください。

図148　NA8005メディア共用設定解説例

ネットワークプレーヤーの取扱説明書にはNASに対する設定の詳細は解説されていないので、NASの設定はNAS側の取扱説明によることになる。全ての設定が正確に終了して初めてハイレゾ音楽再生が実現できる。音楽再生の手順としては、ネットワークプレーヤーの信号入力はNAS等のファイル保存機器に固定しておき、聴きたい曲をPC等の音楽ファイル管理ソフトで選択し再生実行する。

●ソニー　HAP-S1

音楽ファイル管理/保存機能が付随しているタイプ（HDD内蔵）タイプのネットワークプレーヤーは製品名としてミュージックサーバー等を代表とする各社独自の呼称をしている製品が多い。HDDを内蔵しているのでプレーヤー本体のネットワーク接続のみでシステムが完結することができ、各種設定が簡単に行えることが特徴である。HDD内蔵ネットワークプレーヤーの例として、**図149**にソニーのハードディスクオーディオプレーヤーシステム、HAP-S1の外観を示す。

HAP-S1のハイレゾ対応は次の通りである。

＊PCM32ビット/fs＝192kHz（WAV）

＊PCM24ビット/fs＝192kHz（FLAC、AIFF、ALAC）

145

図149　ソニー　HAP-S1の外観図

　このHAP-S1のハードディスク容量は500GBある。例えば、24ビット/96kHz・WAVファイルであれば約300曲、24ビット/96kHz・FLACファイルであれば約500曲分を同機のHDDに保存できることになると計算できる。ハイレゾファイルはPCにダウンロードした後に本機に移動させておくことにより（専用の自動コピー伝送のアプリソフトが用意されている）、本機のみの操作で音楽再生ができるので使い易さは他のシステムよりも簡単であると言える。図150にHAP-S1の自動転送ソフト「HAP Music Transfer」解説図を示す。Windows版とMac版が用意されている。また、スマホやタブレットからの操作を可能にするアプリソフトも用意されている。

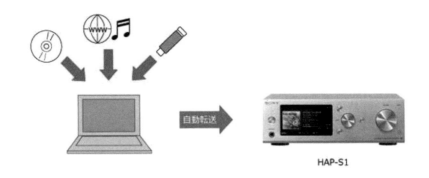

図150　自動コピー伝送ソフトの解説図

　当製品の場合はソニーのホームページ、HAP-S1の商品解説コーナーに簡単使い方ガイドが動画で見れれるので参考にされると良い。

6 ハイレゾの再生

●LINN Majik DSM

図151に英国LINNの高級グレードネットワークプレーヤー、Majik DSMの外観図を示す。本機はハードディスク機能を有しない再生機能の特化したネットワークプレーヤーである。ハイレゾフォーマット対応は次の通りである。

＊対応PCMフォーマット：24ビット/fs＝192kHz
＊対応ファイル形式：FLAC、WAV、ALAC、AIFF、AAC、MP3、WMA

図151　LINN Majik DSM外観図

　本機はネットワークプレーヤーであるのでLAN接続/設定は当然だが、本機をコントロールするためのソフトウェアをPCにインストール必要がある。本機セットアップ手順の解説では、A：LAN接続→B：電源投入→C:PCソフトウェアのインストール→D:NASの設定→E:専用ソフト（Twonky Media）のインストールといった作業が要求される。基本的には製品に付属しているCDROMからのインストールであるが、一部はネットアクセスによってダウンロードしなければならないものもある。図152にこの手順の実際のやり方についての解説、A：LANとの接続、C:PCソフトウェアのインストールのセクションを抜粋して示す。

図152　セットアップ手順解説例

147

● オーディオ用NAS

　ネットワークオーディオに欠かせないDMS機能を有するのはNASであるが、ハイレゾ/ネットワークオーディオの普及に伴いオーディオ用NASが多く存在する。2017年10月時点で筆者がネットでNASを検索していて驚いたのは、ネットや雑誌等でレビューされているオーディオ用NASのほとんどが「生産終了」となっている事実である。NAS自体はオーディオ専用用途に限らなければ多くあるが、発売数年で生産終了というのには疑問が残る。**図153**にアイオーデータのオーディオ用NAS、HLS-CHFシリーズの外観図を示す。このオーディオ用NASシリーズは500GB（SDD、1TB/2TB（HD）の記録容量を有する3モデルあるが、前述の例の通り、同社HPでは生産終了モデルとなっている。

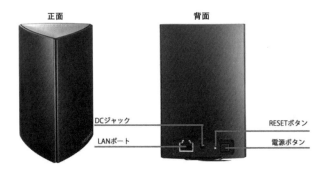

図153　アイオーデータ HLS-CHFシリーズ外観図

　NASの観点からのLAN接続は簡単で、**図154**にHLS-CHFシリーズの接続図を示す。

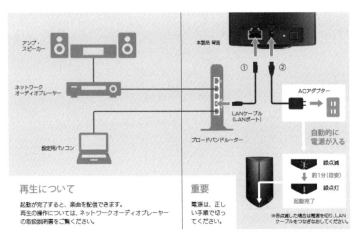

図154　HLS-CHFシリーズ接続図

6 ハイレゾの再生

　NAS機器としての仕様（スペック）、対応OS、対応ブラウザ、対応ファイル（同製品では対応コンテンツで表現、WAV、FLAC等16種類のファイル形式に対応）、インターフェース（1000BASE-T、100BASE-TX、10BASE-T、コネクターRJ45x1）、ネットワーク（TCP/IP等が規定されている。

●ミュージックライブラリー　DELA N1

　NASの発展形態としてはミュージックサーバー/ライブラリーと呼称される、NASの基本機能にプラスして自動ダウンロード等と音楽ファイル管理の便利な機能を有する製品がある。その代表的な例として、メルコシンクレッツ（DELAブランド）のN1シリーズがあり、図155にN1シリーズの外観図を示す。

図155　DELA N1シリーズ外観図(フロント/リア)

　リアパネルを見てわかる通り、本製品はNAS（サーバー/ライブラリー）機能で動作するので接続はLANコネクターとUSBコネクターのみとなっている。フロントパネルから見るとネットワークプレーヤー風であるがD/A変換機能は有していない。記録容量としては2TB、3TB、4TBの3種類が用意されている。図156に本機の接続構成図を示す。

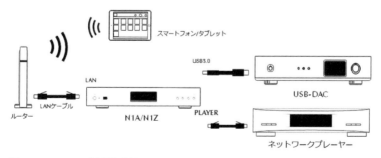

図156　N1シリーズ接続構成例

149

このN1シリーズの場合、NASとしての音楽ファイルストレージ（DMS）機能と音楽ファイルの管理（DMC）機能を融合したもので、次に示す機能を実行することができる。

＊CD、ファイルからの音楽ファイル取り込み機能

＊e-onkyo等配信サイトからの自動ダウンロード機能

＊音楽ファイルの確認、自動整理、配信機能

＊ストリーミング再生機能

＊USB DAC接続機能

6-4. ハイレゾ管理/再生ソフト

　ハイレゾ導入において、ハードウェアとしてのハイレゾ対応機器に関しては各社のカタログ、製品資料、スペック等でその特徴と使い勝手はある程度把握できる。問題はソフトウェアの方である。WindowsではWindows Media Player、MacではiTunes、Quicktime Player等それぞれ標準装備の音楽再生ソフトがあるが、ハイレゾ再生ではハイレゾに適応したPCベースやスマホベースの音楽再生ソフトが存在する。これとは別に音楽ファイル（ライブラリー）管理ソフトや再生機能との統合型等いくつかのものが存在する。また、ハイレゾ再生機器に付属する管理/再生ソフトもある。これらを分類すると次のようになり、その選択にはハードウェア選択以上に熟考を要するが、これがハイレゾ普及の妨げの一因となっているとも思われる部分もある。各種検索機能や自動ダウンロード機能等のオプション的機能を必要としなければ保存/再生といった基本機能を重視した選択もある。

＊汎用のWindows PCでのハイレゾ再生（USB伝送）用ソフト

　所有Windows PCをUSB Audio Class2にUSB伝送を可能にするためのドライバーと音楽ファイル管理機能をもつもので、対応できるハイレゾ再生機器の確認が必要である。

＊USB DAC製品に付属するハイレゾ再生（USB伝送）用ソフト

　USB DAC製品に付属し、接続するWindows PCのUSB Audio Class2に対応させるためのドライバーと音楽ファイル管理機能をもつもので、対応できるPC/OSバージョンを確認する必要がある。

＊汎用のネットワークプレーヤー用ハイレゾ/音楽・再生/管理用ソフト

　USBドライバー機能のない音楽ファイル再生/管理用ソフトで、ハイレゾ再生に対応させたもの。Windows専用、MAC専用、Windows/MAC供用のタイプがある。

＊ネットワークプレーヤー、NAS、ミュージックサーバー製品に付属するハイレゾ/音楽・再生/管理ソフト

　ハイレゾ対応機器である、ネットワークプレーヤーやミュージックサーバー、NAS等の製品に付属しており、ネットワークプレーヤー等では初期状態でインストール済みのも

6 ハイレゾの再生

のある。ハイレゾ配信サイトへのアクセス/自動ダウンロード機能等を備えたものもあるが、基本的には再生音楽ファイルの管理機能で、再生機能は当然当該再生機器用に最適化されている。

図157にWindows・PCにおけるハイレゾ再生での再生/管理ソフトの概念を示す。

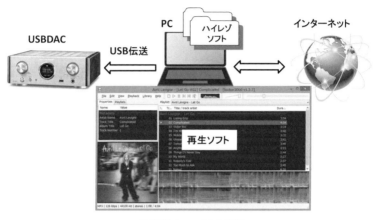

図157　USBオーディオにおける再生ソフトの概念

こうしたハイレゾ管理/再生ソフトの代表的なものを次に掲げる。有料で提供されている再生ソフトは期限付きの試用版を試すことができるので、購入前に動作や使い勝手を確認することができる。また、オーディオ雑誌やネットで使い勝手を含めて詳細情報が掲載されているので参考にされると良い。こうしたことから、本項では各ソフトの簡単な紹介にとどめる。

●Windows用・Foobar2000

ハイレゾの登場と同時に登場した最も標準的で無料でダウンロードできる定番ソフト。USBオーディオの場合はWASAPIを同時にインストールしてUSB伝送でのフォーマットをハイレゾ用に設定する必要がある。図158にFoober2000のメインウィンドウを示す。

同様に、図159にFoobeer2000におけるWASAPI設定画面例を示す。同画面ではDeviceが空欄になっているが、ここではUSB DACが接続されていればその機器が表示される。Output FormatはPCMのデータビット長で、ハイレゾでは当然24ビット（32ビットも可）を選択設定する。

151

図158　Foober2000メインウィンドウ

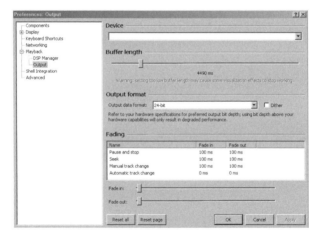

図159　Foober2000・WASAPI設定画面

●Windows用HQ Player

　Signalystが提供している有料ソフトで、DSDを含むハイレゾソフト再生に特化した音質にこだわった構造となっている。日本での利用はWindows専用であるが、本国ではMac用も販売されている。図160にHQ PlayerのScreenshot表示画面を示す。

6 ハイレゾの再生

図160　HQ Playerのスクリーンショット画面

同様に、図161にHQ PlayerのDesktop Modeにおける画面表示を示す。

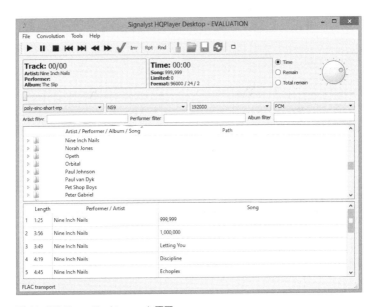

図161　HQ Player Desktop mode画面

153

●Mac用Amarra3.0 (4)
　Sonic Studioの提供する有料ソフトで、MAC用ファイルに限らずDSDとFLAC等のPCM系ハイレゾソフトは全て再生可能である。バージョンアップにより最新版ではAmarra4になっている。また、最近注目されているMQAフォーマットにも対応しているのも特徴である。図162にAmarra4の設定画面を示す。

　　図162　Amarra4　設定画面

　同社ホームページでは下記のような機能を用いて音楽ライフを楽しむことができることが表示画面例と共に解説されている。原文のまま紹介する。
＊Combine your local and TIDAL libraries
＊Control Amarra from anywhere in your network with the Amarra iOS Remote
＊View your music collection by Songs, Albums, Artists, Playlists, or Now Playing Queue
＊Savor your album art while you listen
＊Search your library by Artist, Track, or Album Name
＊Sort your tracks easily by Song, Artist, or Album
＊Create Playlists across multiple file types and sample rates

●Windows/MAC用JRiver Media Center
　JRiverの提供する有料ソフト。Windows Vista/7/8、MAC OSX10.7以降に対応可能である。豊富な編集機能を有し、使いこなしは難しいとは言えないが、通常の再生に必要ないと思われる機能も多く、これらを使わなければ使いやすいソフトと言える。図163にJRiver Media Centerのアルバム管理画面を示す。

6　ハイレゾの再生

図163　JRiver Media Centerアルバム管理画面

●Windows/Mac用VLC Media Player

VLC Media Playerはフリーソフトで Video LANという非営利組織が提供している。Windowsバージョン、Macバージョンがそれぞれ用意されている。使い方は非常にシンプルで簡単である。図164にVideo LANのホームページにおけるVLC media playerのダウンロードに関する部分（抜粋）を示す。

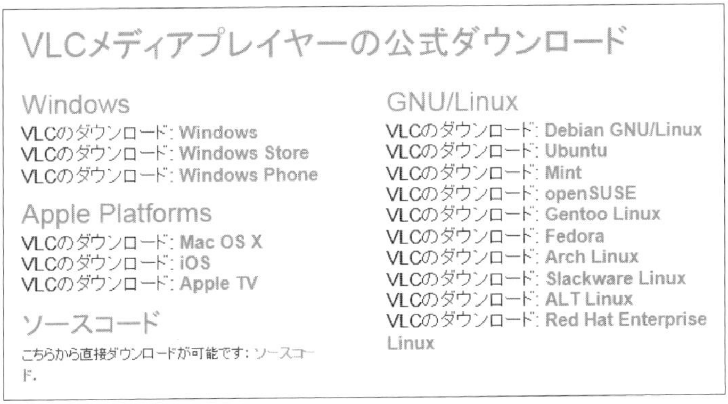

図164　VLC media playerダウンロード情報

同図から分かる通り、WindowsとAppleでそれぞれのバージョンが用意されている。また、GNU/Linux等に対応したものも用意されている。図165にVLC media playerのリスト表示画面例を示す。

155

図165　VLC media playerリスト表示画面例

●新世代ソフト・Roon

　Roonは2017年時点で最も話題性のある新タイプの音楽再生ソフトで、音楽と音楽再生に関係する様々なサービス機能と一体化されており、英国Roon Labsが有償で提供している。Windows、Macどちらでも使えるが、比較的高性能なVersionが推奨されているので導入時には推奨スペックとPCスペックの検証が必要である。Roonの概念を図166に示すが、Coreで表現されている実動作機能はPCで行われるのが標準である。

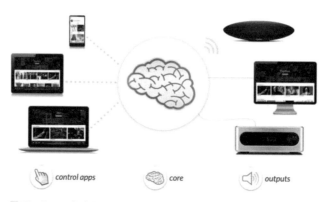

図166　Roonの概念図

　Roonソフトは、ライブラリー管理と音楽再生を実行する「Core」、各種操作をお実行する「Control」、音楽信号の出力動作を実行する「Output」の3大要素で構成され、それぞ

れが柔軟で幅広い応用性を備えていることである。最新のハイレゾ対応機器（ハードウェア）でRoonの各種機能に対応したモデルは「Roon Ready」という表示がされている。機能が豊富であることは逆にユーザーが機能を使いこなすには相応の経験、実際に動作させてからの試行錯誤を繰り返す覚悟？が必要である。ハイレゾを初めて導入する時のソフト選びは定番のシンプルなものの方が設定トラブル等のハードルは低いと言える。いずれにしてもユーザーの最終判断となるが。

●音楽再生ソフトで音質が異なる？！

　これはあってはならないはずの現象であるが、音楽管理/再生ソフトによる音質の差異についてネットや専門雑誌では当然のように音質比較/試聴レビューが掲載されている。WAV等の非圧縮音楽ファイルで、記録されている例えば24ビット/96kHzの音楽（PCMデジタル）データは何の加工もしなければ音楽再生ソフトにより差異が生じることはないはずである。データが同一であれば再生機器が同じである限り、音質的な差異は現れるはずがない。但し、音楽管理/再生ソフト内で何らかのデータ加工処理（多くは音量レベルと思われる）がされているとすると音質の差異があると思われる。音楽再生ソフト内でのデジタル信号処理、特にボリューム（音量）コントロールの観点からは音質との関係が検証することができる。図167に一般的な音楽再生ソフトの信号フローを示す（音楽再生ソフトは動作原理に関する情報がないので筆者推定）。

図167　音楽再生ソフト信号フロー

　音楽再生ソフトでは入力ファイル形式を検出、各ファイル形式（FLAC、WAV）等に応じてPCM信号に変換、DSP（音量、イコライザー等の信号処理）を介してPCM信号として出力される。ここで、DSPの信号処理（演算処理）時の量子化ビット数が出力データ精度に影響する。DSPが24ビットで実行されれば、少なくともLSBである24ビット目のデータは±0.5LSBの演算誤差を含むことになる。演算処理が32ビット等であればこの影響は無視することができるが、全音楽ファイルがこの情報を開示しているわけではない。

　処理ビット数に関係無く、最も音質に影響するのがデジタルドメインでのボリュームコントロールである。再生ソフト上のボリュームコントロールはPCMデータのレベルを単

純にビット数の低減処理で実行するケースが多い。図168にボリュームコントロールの概念を示す。この場合、ボリューム量によって元データの量子化ビット数が減ることになり、情報量のロス＝再生音質に悪影響という図式が考えられる。従って、所有のオーディオ再生システムでは、デジタルでのボリュームは最大値としてアナログ領域（プリメインアンプ等）でのボリューム制御をすることを推奨する。

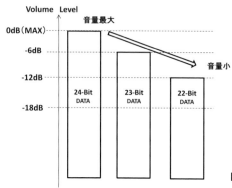

図168　デジタルボリュームの概念

6-5. D/Dコンバーターによる簡易ハイレゾ再生

　本章の解説を見てハイレゾ導入に躊躇される読者もいるかも知れないし、予算的に高額なハイレゾ対応機器を新たに購入するのが大変だと思っている方もいるであろう。オーディオ歴が長く、例えば10年前に揃えたオーディオ機器でCDDAやホームシアター等の再生はいい音でできているので、手持ちのオーディオ機器で簡単にハイレゾを楽しめないかと悩んでいる方もいると思われる。所有しているオーディオシステムにも依存するが、簡単にハイレゾ再生ができるのが「D/Dコンバーター」の採用である。

　図169にD/Dコンバーターによるハイレゾ再生の構成例を示す。D/Dコンバーターは USB入力のPCM信号をS/PDIF（Sony Philips Digital InterFace）フォーマットに変換して出力する。入出力ともデジタルなのでD/D（Digital-to-Digital）コンバーターと呼称される。

　このハイレゾ再生システムの利用可能条件は、所有しているオーディオ機器、AVアンプ、プリメインアンプ、D/Aコンバーター等がS/PDIF入力（同軸入力）に対応していることと、入力サンプリングレートがfs＝96kHz等のハイレゾフォーマットに対応していることである。S/PDIF入力を有する機器は内部でS/PDIF→PCM変換→D/A変換の機能を必ず有しているので、必要条件は対応サンプリングレート・fsのみとなる。10年前のD/Aコンバーターでもfs＝96kHzにはほとんど対応しているが、fs＝192kHzは機器により対応し

6 ハイレゾの再生

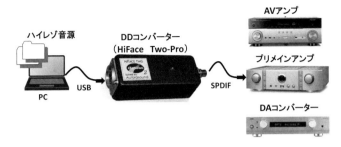

図169　D/Dコンバーターによるハイレゾ再生

ているものとしていないものがある。D/Dコンバーターとしては少数であるが市場にリリースされており、例えば、オーロラサウンドのHiFace Two-Pro等が比較的安価に購入可能である。バスパワーで動作するので接続は入出力ケーブル/コネクターを接続するだけである。PCのUSB2.0のドライバーとしてWASAPIのインストールと設定が必要であるが、PC/USBオーディオでの設定と同じである。このハイレゾ再生システムの最大のメリットはオーディオ愛好家が永年愛用して使用しているオーディオ機器で制限はあるものの、ハイレゾ再生が可能になるということにある。

図170にオーロラサウンドホームページ記載のHiFace Two Proのスペックを示す。

比較	HIFACE TWO-Pro	HIFACE Professional
入力 出力	USB 2.0 Hi Speed SPDIF（同軸）	同◯
対応サンプリング周波数 bit分解能	44.1, 48, 88.2, 96, 176.4, 192kHz 16-24bit	同◯
転送方式	USB Audio Class 2.0 アイソクロナス非同期転送	バルク非同期転送
Windows	XP,, Vista 7 / 32bit, 64bit USB Audio CVlass2.0ドライバー Direct Sound WASAPI Kernel Streaming ASIO	同◯ 専用ドライバー Direct Sound WASAPI Kernel Streaming
MAC OSX 10.4以降	インストール不要	専用ドライバー

図170　HiFace Two-Proスペック

本製品の場合、ベースとなっているD/Dコンバーター本体部がM2Techのものであることから、USB用のドライバーはM2Techのホームページからダウンロードすることになる。**図**171にM2Techにドライバーダウンロード情報画面を示す。同図から明らかなようにWindows用でもバージョン毎にソフトが異なる。

	Windows 7 32bit	Windows 7 64bit	Windows 8 32bit	Windows 8 64bit	Windows 8.1 32bit	Windows 8.1 64bit	Windows 10 32bit	Windows 10 64bit
hiFaceTwo hiFaceDAC hiFace Evo Two Young DSD Joplin MKII Evo DAC Two Evo DAC Two Plus! Evo PhonoDAC Two Young III	7-32bit	7-64bit	8-32bit	8-64bit	8.1-32bit	8.1-64bit	10-32bit	10-64bit

図171　M2Techドライバーダウンロード情報

Chapter 7

ハイレゾ対応オーディオ機器のスペック表示とその意味

> 7-1. USB DACのOS/USBに関するスペック
> 7-2. ネットワークプレーヤーのファイル形式に関するスペック
> 7-3. ネットワークプレーヤーネット環境に関するスペック
> 7-4. オーディオ特性に関するスペック

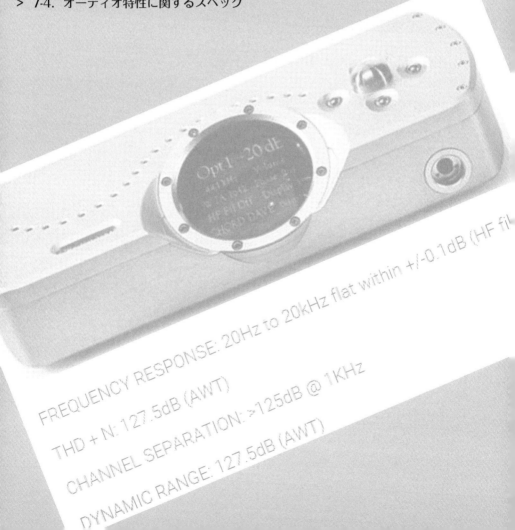

7 ハイレゾ対応オーディオ機器のスペック表示とその意味

ハイレゾ対応オーディオ機器のメインとなるのはUSB DACとネットワークプレーヤーであり、これらはPCMまたはDSDのハイレゾ音楽データをD/A変換してアナログ/オーディオ信号として出力するものである。オーディオ機器の音質はスペック(仕様)だけでは判断できない部分もあるが、音質グレードの目安にはなる。また、購入検討時のスペック比較では、各社のスペック表示を正しく解釈できることが求められ、本章ではこうした観点からハイレゾ対応オーディオ機器のスペック表示とその意味について解説する。主要オーディオ特性の定義については第1章の解説を参照されたい。また、若干重複する部分もあるが、本章では「ハイレゾ対応オーディオ機器」としてそのインターフェースや動作環境を含めたスペック解説となる。

7-1. USB DACのOS/USBに関するスペック

USB DACはPCとUSB接続でハイレゾ音楽ファイルを受信するのでPC、OS、USBに関する各動作環境にPCが対応していなければ動作が保証されない。図172にオンキヨーのUSB DAC、DAC-1000の外観を、図173に動作環境に関するスペック表示例を示す。この例では、WindowsおよびMacにおけるバージョン、CPU、メモリ、HDD、USB規格に関する動作環境が規定されている。

図172　オンキヨー　DAC-1000外観

ハイレゾオーディオを始めようとするユーザー所有のPCはほんどがこのスペックに適合すると思われるが、特に重要なのはUSB規格に関するものである。PCM・fs＝192kHzのUSB伝送には、USB2.0、High Speed、Audio Class2に対応している必要があり、USB DAC製品ではほとんどの場合ドライバーソフトが提供されている。

7　ハイレゾ対応オーディオ機器のスペック表示とその意味

	Windows®XP日本語版（32/64ビット）SP3以降、Windows Vista®日本語版（32/64ビット）、Windows® 7日本語版（32/64ビット）、Windows 8正規版、MacOSX 10.5.7からMacOSX10.9.5まで ※MacOSX10.10以降は動作保証範囲外となります。
CPU	Intel® 製 Pentium® 4 プロセッサ 1.6GHz 以上 ※Intel®製 Atomプロセッサには対応しておりません。
メモリ	512MB 以上のRAM
HDD	60MB 以上の空き容量
対応機種	USB規格 Rev2.0 HSに準拠したUSBポート標準装備のPC/AT互換機(Intel®製USB ホストコントローラー推奨) USBポート標準装備,intelプロセッサ搭載のMacintosh

図173　DAC-1000　動作環境に関するスペック表示例

7-2. ネットワークプレーヤーの対応ファイル形式に関するスペック

　USB DACではPC内の音楽ファイルは全てリニアPCM信号でUSB伝送されるが、ネットオーディオではNAS内の音楽ファイルをLAN接続で受信し、ネットワークプレーヤー内のデコーダ機能でリニアPCM信号に変換する。従って、対応音楽ファイル形式に関するスペックが規定されている。図174にオンキヨーのネットワークオーディオプレーヤー、NS-6130の外観を、図175に対応音楽ファイル形式に関するスペック例（一部抜粋）を示す。
　この例では、ハイレゾオーディオに用いられる代表的な音楽ファイル、DSD、WAV、FLACをはじめとしてほとんどの音楽ファイル形式に対応していることが分かる。対応ファイル形式の詳細としては、DSDで最大11.2MHz、PCMで最大24ビット/192kHzに対応していることがスペック規定されている。

図174　オンキヨー NS-6130外観

163

再生可能ファイル※1	DSD、WAV、AIFF、FLAC、ALAC、MP3、WMA、AAC
DSD (.dsf or DSF)	.dsf/.dff/DSF/DFF
	1bit
	2.8/5.6/11.2 MHz
WAV	.wav/.WAV
	8/16/24bit
	44.1k/48k/88.2k/96k/176.4k/192k Hz
FLAC	.flac/.FLAC
	8/16/24bit
	44.1k/48k/88.2k/96k/176.4k/192k Hz
Apple Lossless	.m4a/.mp4/.M4A/.MP4
	16/24bit
	44.1k/48k/88.2k/96k/176.4k/192k Hz

図175　NS-6130音楽ファイル形式スペック表示例

7-3. ネットワークプレーヤーのネット環境に関するスペック

　ネットワークプレーヤーはLAN接続が必修であり、ネットワークに接続するためのネット環境に関するスペックが規定されている。スペック規定の例としてパイオニアのネットワークプレーヤー、N-70AE（PCM・192kHz、DSD・11.2MHz対応）のケースについて解説する。図176にN-70AEの外観図を、図177にデジタル入/出力、ネットワークの関するスペック規定を示す。

図176　パイオニア　N-70AE外観図

　図177に示す通り、本機のデジタル入/出力関係では、デジタル入力、デジタル出力、ネットワークに関するスペックを規定している。ネットワークプレーヤーなのでネットワーク接続がメインとなるが、有線LANの標準規格（100Base-TX/10Base-T）、無線LAN

7　ハイレゾ対応オーディオ機器のスペック表示とその意味

デジタル入力			
光デジタル入力	1系統		
同軸デジタル入力	1系統（金メッキ）		
USB B（リア）	1系統（USB DAC機能用）		
USB A（フロント/リア）	USBメモリー	1系統/1系統（DSD、FLAC、WAV、MP3、WMA、AIFF、ALAC）	
	外付USBハードディスク	1系統/1系統（DSD、FLAC、WAV、MP3、WMA、AIFF、ALAC）	
デジタル出力			
光デジタル出力	1系統		
同軸デジタル出力	RCA	1系統（金メッキ）	
ネットワーク			
有線LAN（100Base-TX/10Base-T）	1系統		
無線LAN（Wi-Fi）	1（IEEE802.11 a/b/g/n準拠）		

図177　N-70AE ネットワーク関係スペック

（IEEE8002.11）についてそれぞれ規定されている。デジタル入力はUSB DAC機能も備えているのでUSB接続に関するスペックとS/PDIFの入出力がいずれも同軸（COAX）と光（OPTIICAL）に対応していることが規定されている。

7-4．オーディオ特性に関するスペック

　音質と最も関係のあるスペックがオーディオ特性である。主要オーディオ特性としては、THD＋N特性、ダイナミックレンジ特性、S/N比特性、チャンネルセパレーション特性、周波数特性が掲げられる。この中でもTHD＋N特性とダイナミックレンジ特性は再生音質との相関が高いので重要である。第3章で解説した通り、ハイレゾ再生機器においては、再生フォーマットによるデジタル領域での理論値に対して主にD/A変換部をコアとするアナログ部の特性で総合的なオーディオ特性が決定される。特に使用（採用）しているD/AコンバーターICデバイスはTHD＋N特性とダイナミックレンジ特性の性能限界を決定するので重要なデバイスとなる。また、製品によってはヘッドフォン出力を備えている機器もあり、この場合はオーディオ特性に関してライン出力とヘッドフォン出力とで個別に規定しているケースもある。更には、ライン出力がシングルエンド出力だけでなくバランス出力を備えている機器もあり、同様にシングルエンドとバランスの両方に対して規定しているケースもある。

　PCMとDSDの両方に対応している機器ではPCM再生とDSD再生の各特性を規定しているケースもある。特に周波数特性に関しては、PCMでもDSDでもサンプリング周波数

165

による理論値とD/A変換後のポストLPFの特性の総合で特性が決定されるので、サンプリング周波数条件毎に特性を規定するべきものである。

本解説のために筆者自身が各社のハイレゾ再生機器を調査して確認できたことは、メーカー各社あるいは機器モデルにより規定スペックとその表現、規定値、条件がかなり異なることである。筆者自身が考えるハイレゾ再生機器の理想的なオーディオ特性スペック規定を次に示す（ライン出力に規定、バランス/アンバランスについては省略）。

＊THD＋N特性：

　信号レベル0dBFS、信号周波数1kHz、20kHz帯域制限の測定条件記載。

　THD＋N値はTYP（標準）値と可能であればMAX（ワースト）値を規定。

　動作基準サンプリングレート・fs毎にTHD＋N値を規定。

　上記各規定をPCM再生、DSD再生毎で規定。

＊ダイナミックレンジ特性：

　A-Weightedフィルター使用条件を明記。

　ダイナミックレンジ値はTHD＋Nと同様TYP（標準）値と可能であればMAX（ワースト）値を規定。

　動作基準サンプリングレート・fs毎にダイナミックレンジ値を規定。

　上記各規定をPCM再生、DSD再生で規定。

＊S/N比特性

　基本的にはダイナミックレンジ特性と同じ。

＊周波数特性：

　±0.5dB〜±1dB以内のフラットな帯域の周波数特性値を動作基準サンプリングレート・fs毎に規定

　−3dB周波数特性値を動作基準サンプリングレート・fs毎に規定。

　上記規定をPCM再生、DSD再生で規定。

●オーディオスペック規定例-1

本項ではハイレゾ再生機器でのオーディオ特性スペックについて実際の製品例をもって解説する。最初に**図178**に前述のパイオニア、N70-AEのオーディオ特性スペックを示す。

当該モデルはRCAシングルエンド出力とバランス（XLR）出力を備えているので各特性もRCAとXLRの両出力条件で規定している。ダイナミックレンジ特性とチャンネルセパレーション特性はどちらかの記述がないのが不完全と言える。また、周波数特性はアナログ回路の構成上RCA/XLRで差異がないはずなので個別の規定はされていない。

音声出力レベルはライン出力レベルで、シングルエンド（RCA）出力の2.2Vrmsは

7 ハイレゾ対応オーディオ機器のスペック表示とその意味

アナログ出力		
音声出力レベル	RCA	1系統：2.2 Vms（1 kHz, 0 dB）（金メッキ削り出しタイプ）
	バランス（XLR3）	1系統：4.2 Vms（ kHz, 0 dB）（ノイトリック製）
周波数特性	4 Hz～90 kHz（-3 dB）	
S/N 比	RCA	114 dB（1 kHz, 0 dB）
	バランス（XLR3）	117 dB（1 kHz, 0 dB）
ダイナミックレンジ	117 dB	
全高調波歪率	RCA	0.0017%（1 kHz, 0 dB）
	バランス（XLR3）	0.0008%（1 kHz, 0 dB）
チャンネルセパレーション	110 dB（1 kHz, 0 dB）	

図178 オーディオ特性スペック例-1

CDDAプレーヤーの標準レベルと同等である。バランス出力（XLR）は動作理論的にシングルの約2倍の出力レベル（本ケースでは4.2Vrms）となる。基準信号レベルが大きくなるとTHD＋N、ダイナミックレンジ、S/N比等の各特性値は良くなる。

THD＋N（全高調波）＝0.0017%/RCA、0.0008%/XLRとS/N比＝114dB/RCA、117dB/XLRの各特性はハイレゾ再生機器として中～高級グレードと言える。ダイナミックレンジ特性はRCA/XLRの条件が無いが規定値117dBはS/N比/XLRと同じ値なのでXLR条件と推測される。ダイナミックレンジ特性、S/N比特性ともにスペック例-1と同様に聴感補正（A-Weighted）に関する記述はないが、同様の理由により聴感補正条件での値と思われる。

周波数特性は～90kHz（−3dB）で規定されている。サンプリングレート・fsによる違いがなく単一の値とであり、fs＝96kHz再生時の理論帯域（48kHz）を上回る値なので、音楽フォーマットの理論帯域に関係なく、アナログ出力部のポストLPFの特性として規定されていると推測される。いずれにしろ、ハイレゾ再生として十分な帯域のスペック規定となっている。

●オーディオスペック規定例-2

図179にスオーディオスペック規定例として、デノンのUSB DAC/ヘッドフォンアンプ、DA-310USBのスペック表示（抜粋）を示す（外観は**図134**参照）。

DA-310USBはUSB DAC/ヘッドフォンアンプなので、USB DACとしてのメイン機能、ライン出力をオーディオ特性として、ヘッドフォン出力と区別してスペック規定している。

オーディオ特性に関してはPCM（最大fs＝384kHz）とDSD（最大11.2MHz）両方に対応しているのでPCM再生とDSD再生の両方に関してスペック規定している。

■ オーディオ特性
【DSD】
チャンネル：2チャンネル
再生周波数範囲：2 Hz ～ 100 kHz
再生周波数特性：2 Hz ～ 50 kHz(-3 dB)
S/N比：112 dB(可聴帯域)
ダイナミックレンジ：105 dB(可聴帯域)
高調波歪率：0.0018 %(1 kHz 可聴帯域)
出力レベル：2.0 V(10 kΩ)

【PCM】
チャンネル：2チャンネル
再生周波数範囲：2 Hz ～ 96 kHz
再生周波数特性：2 Hz ～ 96 kHz
S/N比：112 dB
ダイナミックレンジ：105 dB
高調波歪率：0.0018 %(1 kHz)
出力レベル：2.0 V(10 kΩ)

■ ヘッドホン出力
定格出力：380 mW + 380 mW(32 Ω 1 kHz T.H.D 0.7 %)
　　　　 130 mW + 130 mW(300 Ω 1 kHz T.H.D 0.7 %)
　　　　 74 mW + 74 mW(600 Ω 1 kHz T.H.D 0.7 %)
出力端子：ヘッドホン：負荷 8 ～ 600 Ω
全高調波歪率：0.003 %(32 Ω 1 kHz)
S/N比：112 dB(32 Ω 1 kHz IHF-A)
周波数特性：5 Hz ～ 80 kHz(32 Ω -3 dB)

図179　オーディオスペック例-2

＊THD＋N、ダイナミックレンジ、S/N比特性

　THD＋N（高調波歪率）＝0.0018%、ダイナミックレンジ＝105dB、S/N比＝110dBの各特性はPCMとDSDで同じ値である。DSDにおいては（可聴帯域）と測定条件が付加されている。これはPCM再生ではCDDAの測定規格である20kHz帯域制限が必修であるのに対して、DSD（SACD）での測定時の帯域制限をPCMと同じにしたという意味と解釈することができる。THD＋N＝0.0018%は歪み感を感知できるレベルでないがハイレゾとしては中級グレードの特性である。

　ダイナミックレンジとS/N比特性はCDDAの場合、20kHz帯域制限に加え聴感補正（A-Weighted）フィルターを用いることが規格化されている。本スペック表示では聴感補正に対する付記がないが民生用でA-Weightedフィルターを用いない理由はないので聴感補正有りの値と判断する。ダイナミックレンジ＝105dBはハイレゾとしては低級グレードと判断せざるを得ない。CDDA（16ビット量子化）再生でも中～高級CDプレーヤーは98dB～100dBのスペックを有しているのに対して105dBでは量子化1ビット～2ビット分（実効17ビット～18ビット）の特性となる。CDDAよりは優れているがハイレゾ再生としては物足りない値である。S/N比＝112dBは中級グレードにやっと届くかという値である。通常、D/A変換（ΔΣ変調型DACデバイスによる）でのダイナミックレンジ特性とS/N比特

性はほぼ同一の値となるが、本機の場合S/N比の方が7dB良い値となっている。これは無信号時に信号ゼロを検出してアナログ出力にミュートをかけているものと思われる。

＊周波数特性

　一般的な周波数特性帯域は、基準周波数（通常1kHz）に対してゲインが－3dB低下する周波数を言う。本スペックでは再生フォーマットによる理論値とアナログ特性を含めた周波数総合特性を、前者を「再生周波数範囲」、後者を「再生周波数特性」でスペック表示しており重要なのは後者の再生周波数特性である。本機はDSD・11.2MHz、PCM・384kHzに対応しているが、再生周波数特性はDSD再生時～50kHz（－3dB）、PCM再生時～96kHzで規定されている。fs＝384kHzにおける理論帯域幅は384kHz/2＝192kHzであるが、96kHzとなっている理由は不明である。DSD再生では（－3dB）の付記があるが、PCM再生ではこの付記がない。また、再生周波数範囲と再生周波数特性が同じであり実際の－3dB周波数特性については判断できない。但し、D/A変換～アナログ部の回路構成において、DSD再生とPCM再生で同一のポストLPFを用いているならば周波数特性は50kHzと推測できる。ハイレゾ対応の観点でみれば問題となる値ではないと言える。

＊ヘッドフォン出力

　ヘッドフォン出力に関するスペックは小電力であるが出力パワーに関する定格出力、負荷条件、THD＋N（全高調波）、S/N比、周波数特性がそれぞれ規定されている。THD＋N＝0.003％とS/N比＝112dBの両特性がヘッドフォンアンプとしては中～高級グレードの特性と言える。周波数特性は～80kHz（－3dB）で規定されているが、ライン出力の周波数特性と異なるこれはヘッドフォンアンプ部単独としての特性と思われ、業界のハイレゾ対応規格に適合するためのスペックとも判断できる。

●オーディオスペック特性例-3

　図180にテクニクスのネットワークオーディオコントロールプレーヤー、SU-R1（PCM・192kHz、DSD・5.6MHz対応）のオーディオ部スペック抜粋を示す。

　SU-R1はテクニクスのリファレンス機（高級グレード）であり、国内製品の中では販売価格も80万円前後と比較的高額である。**図**180に示す通り、ここでのダイナミックレンジ、S/N比、THS＋Nの各特性スペック値には（JEITA）の付記があるが、これはJEITAの規格に従っての測定であることを示している。すなわち、20kHzの帯域制限、ダイナミックレンジ特性とS/N比特性にはA-Weightedフィルター使用となる。

＊周波数特性

　周波数特性は～90kHz（－3dB）で規定されている。PCM/DSDの違い、サンプリングレートfsの違いに関する記述はないので、PCM/DSD共通でポストLPFの特性が規定されて

図180 オーディオスペック特性例-3

いると思われる。特性例-2と同様にfs＝96kHz時では信号帯域は48kHzに理論制限されるが、ここでの表記はfs＝192kHz時での総合特性として規定している。ハイレゾ対応機器の中では比較的高いカットオフ周波数設定となっている。
＊THD＋N、ダイナミックレンジ、S/N比特性

THD＋N＝0.0008％は高級グレードとして十分なスペックである。ダイナミックレンジとS/N比特性ではバランス/アンバランスの条件での値が規定されているが、THD＋N特性では記載がないのでバランス/アンバランスで差異が無いのかも知れない。

ダイナミックレンジ＝S/N比＝115dB/アンバランス、＝118dB/バランスの各特性は、CDDA再生における100dBに比べれば15～18dB高性能になっており、ハイレゾ対応高級グレード品としての相応のスペックと言える。

● オーディオスペック特性例-4

図181にティアックのUSB DAC/ヘッドフォンアンプ、UD-505の外観とオーディオ特性スペック抜粋を示す。ハイレゾフォーマットはPCM・32ビット/fs＝384kHz、DSD・22.5MHz（8倍速）に対応しているが、無駄にハイスペックでもあると言える。

図181のUD-505のスペック規定分の上側にあえてデジタルフィルター特性も掲げたが、これはPCM再生、DSD再生においてフィルター特性を選択できる機能を有しており、本機の特徴であると共にDSD再生におけるカットオフ周波数が規定されていることによる。

標準DSD再生でのNarrow選択時にカットオフ周波数は39kHzで2倍/4倍/8倍動作時はこのカットオフ周波数も78/156/312kHz（2倍/4倍/8倍）にシフトする。オーディオ特性ではPCM再生の周波数特性が規定されている。この周波数特性はfs＝192kHz動作での

7 ハイレゾ対応オーディオ機器のスペック表示とその意味

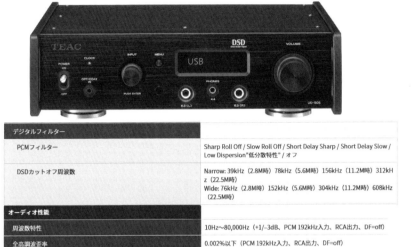

図181 オーディオスペック特性例-4

 もので、80kHz（-3dB）と広帯域で十分ハイレゾに対応している。全高調波（THD＋N）特性とS/N比特性は周波数特性規定条件と同じfs＝192kHz動作でのものが規定されている。逆に言えばDSD再生時の特性としては規定がないことになる。110dBのS/N比（ダイナミックレンジと見なして）は中級グレードとしての最低限の特性である。どうしてデジタルオーディオ再生機器のオーディオ特性で最も重要な特性のひとつであるダイナミックレンジ特性をスペック規定しないのかが不可解である。

● オーディオスペック特性例-5

図182にヤマハの廉価版ネットワークプレーヤー、NP-S303の外観とスペック抜粋を示す。

ヤマハのホームページに掲載されているNP-S303の希望小売価格は49,000円であり、スペックを見てもハイレゾ対応再生機としては汎用グレード品と言える。そのオーディオ特性スペックであるが、SN比、ダイナミックレンジ特性ともにfs＝44.1kHz条件で規定されているのが疑問である。また、S/N比＝110dB以上、ダイナミックレンジ＝100dB以上となっているが、これはCDDAスペックである。逆に言うとCDDA条件でのスペックを規定したのかも知れない。D/A変換の動作原理からS/N比とダイナミックレンジ特性はほぼ同じ値になるのが標準であるので、ダイナミックレンジ特性は110dBの実力（24ビット再

171

出力レベル	2.0±0.3V（1kHz、0dB fs44.1kHz）
SN比	110dB以上（1kHz、0dB fs44.1kHz）
ダイナミックレンジ	100dB以上（1kHz、0dB fs44.1kHz）
周波数特性	2Hz～20kHz（-3dB fs44.1kHz）、2Hz～24kHz（-3dB fs48kHz）、2Hz～48kHz（-3dB fs96kHz）、2Hz～96kHz（-3dB fs192kHz）

図182　オーディオ特性スペック例-5

生で）があるが、CDDA条件なので100dBで規定しているとも思える。
　一方、周波数特性スペックは-3dB周波数特性が動作基準サンプリングレート・fs毎に規定されており、この点はスペック規定の仕方としてまともである。fs=48kHzでは24kHz（-3dB）～ハイレゾ最高動作fs=192kHzでは96kHz（-3dB）と規定しているのでこれはデジタル領域理論値で規定しているのかも知れない。

●オーディオスペック特性例-6
　同じ廉価版価格であるが規定オーディオスペックが優れているものもある。**図183**にユディオス（Yudios）のD/Aコンバーター、YD-19232Kの外観図とスペック抜粋を示す。同社ホームページに記載されている価格は22,800円と非常に低価格な商品である。本機のデジタル入力はS/PDIFの光入力と同軸入力のみであるので、USB接続やLAN接続でのハイレゾ再生は不可能である。ハイレゾ再生はS/PDIFでする必要がある（**図169**で示したD/Dコンバーターとの組み合わせ等で可能）ハイレゾ対応としては、PCMフォーマット（最高、24ビット/fs=192kHz）のみでDSDには対応していない。

7 ハイレゾ対応オーディオ機器のスペック表示とその意味

ライン出力レベル	OCL(Output Capacitor Less) 2V RMS 5.6V p-p
周波数特性	20Hz～40KHz
全高周波歪率	0.002%以下
ダイナミックレンジ	120dB
S/N比	120dB

図183　オーディオ特性スペック例-6

●オーディオスペック特性例-7

　ここまでのスペック特性例では国内メーカーの各級グレード品を例にしたが、ここでは海外メーカーの高級グレード品を例に取り上げる。英国CHORDのDAC、"DAVE"は高性能D/Aコンバーターで、同社の製品名では、Reference Digital to Analog Converter、Headphone Amplifier and Preamplifierと表示されている。

　ハイレゾフォーマットとしては、PCM・768kHz、DSD・22.4MHzといった最高性能フォーマット（これらのフォーマット対応が必要であるかは別として）にも対応している。国内での販売価格も150万円前後と高額な製品であるが、何故か人気モデルであり所有者も多いようである。D/A変化にDACデバイスを用いないで独自開発のD/A変換システムを搭載しているのが特徴である。図184にDAVEの外観図と主要スペック抜粋を示す。

＊周波数特性

　周波数特性（Frequency Response）は±0.1dBのフラット帯域で20Hz～20kHzと規定されており、−3dB帯域としての規定は無いが、フラット帯域から見て30kHz前後であると推測される。50kHzや90kHzといった周波数をあえて規定していないのは、20kHzまでの帯域が重要であると認識しているとも思われる。

＊THD＋N、ダイナミックレンジ特性

　この製品のTHD＋N特性とダイナミックレンジ特性は驚異的な高性能スペックが規定されている。THD＋N：127dB（AWT）はマイナス（−）が抜けているが−127dBの意味である。（AWT）はA-Weightedの意味と解釈できるが、THD＋N特性試験ではA-Weightedフ

173

FREQUENCY RESPONSE: 20Hz to 20kHz flat within +/-0.1dB (HF filter off)
THD + N: 127.5dB (AWT)
CHANNEL SEPARATION: >125dB @ 1KHz
DYNAMIC RANGE: 127.5dB (AWT)

図184　オーディオ特性スペック例-7

ィルターは用いないのが一般的であり、単純な記載ミスとも思える。この－127dBはパーセント（%）換算では0.000045%となり、事実とするならば高調波歪みは測定限界値に近く、ノンリニア歪みの発生要素がほとんどないことを意味している。

　ダイナミックレンジ特性、DYNAMIC RANGE：127.5dB（AWT）、（AWT）はA-Weightedの略で、これはダイナミックレンジ特性試験の標準条件である。127.5dBは20ビット～21ビット相当の実効分解能となり、現在市販されている機器の中では最高性能グレードのものである。アナログ回路において、例えば抵抗数本とオペアンプ1回路で構成されるシンプルなバッファーアンプ回路でも127dBの特性を得ることは簡単ではない。と言うより非常に実現困難な高性能（超低ノイズ）特性である。ハイレゾ再生機器としての総合特性で127dBのダイナミックレンジ特性を実現する回路/実装技術が相当優秀であると思える。チャンネルセパレーション（CHANNNEL SEPARATION）の125dBスペックも他に類のない高性能スペックである。

● オーディオスペック特性例-8

　ひき続きここでは海外の高性能グレードD/Aコンバーター製品の例を掲げる。**図185**に米国、Bricasti Designの高性能グレード高級D/Aコンバーター、M12の外観とスペック抜粋を示す。メーカーの希望小売価格は215万円と非常に高額であり、相応のスペックを有しているのか検証したい（音質についてはコメントできない）。

　本機M12はメーカー表現でソースコントローラー（D/Aコンバーター・ネットワークプレーヤー機能付プリアンプ）と記載されている。

　デジタル入力はS/PDIF、USB、LANに対応している。ハイレゾフォーマット対応とし

7 ハイレゾ対応オーディオ機器のスペック表示とその意味

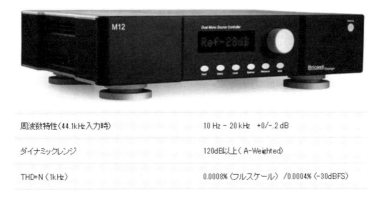

周波数特性(44.1kHz入力時)	10 Hz - 20 kHz +0/-.2 dB
ダイナミックレンジ	120dB以上(A-Weighted)
THD+N (1kHz)	0.0008%(フルスケール) /0.0004% (-30dBFS)

図185 オーディオ特性スペック例-8

ては、PCM・24ビット/fs＝192kHz、DSD・5.6MHzに対応している。スペック特性では、周波数特性が－2dB条件にて20kHz（fs＝44.1kHz時）で規定しているのが不可解である。ハイレゾフォーマット再生時のスペックが全くないというのは問題である。

ダイナミックレンジ特性の120dB（A-Weighted）とTHD＋N特性の0.0008%（フルスケール）は24ビット・ハイレゾフォーマット条件でのものであるはずであり、どちらも優れた高級ブレード品相応のものとなっている。

●オーディオスペック特性例-9

海外メーカーが続くが、高級オーディオ/映像機器の開発/生産をしている米国OPPO DIGITALのUSB DAC/ネットワークプレーヤー、Sonica DACの外観図とスペック抜粋を図186に示す。同社での製品名では「ネットワークオーディオ機能搭載USB DAC」と呼称している。このSonica DACは前述の通り、USB DAC機能とネットプレーヤー機能の両方をもつ中級価格帯の製品である。ハイレゾ対応フォーマットはPCM・32ビット/fs＝768kHz、DSD・22.6MHz（512fs）と、これもまた異常に高性能フォーマットに対応している。こうした高性能フォーマットはごく一部のサンプル版や特別企画物以外には流通していないので、意味のない高性能スペックと言える。何故こうした高性能スペックを表示しているかは、使用しているA/D・D/AコンバーターICデバイスがPCM・32ビット/fs＝879kHzやDSD・22.6Mに対応したデバイスで（モデルはごく限られている）あることから、商品の商業的フィーチャーとして事実ではあるが、誇大に高性能スペックを前面に出しているものである。

周波数特性スペックの（0＋/－0.04dB）条件で20kHzは分かるが、－2.4dB条件で160kHz

周波数特性	20 Hz～160 kHz (+0/-2.4 dB) 20 Hz～20 kHz (+0/-0.04 dB)
THD+N (1 kHz A Weight, 20 Hz～20 kHz)	<-115 dB
チャンネルセパレーション	>120 dB
S/N比(A Weight, 20 Hz - 20 kHz)	>120 dB
ダイナミックレンジ(1 kHz at -60 dBFS, A Weight, 20 Hz - 20 kHz)	>120 dB

図186　オーディオ特性スペック例-9

は解釈が難しい。推測であるが、PCM・fs＝384kHzに対応していることから2/fs理論帯域の192kHzには及ばないものの、160kHzまで対応していることを示す意味で規定していると思われる。他の機器でも同様のケースがあるが、ハイレゾ再生機器としてはフォーマットに対応した周波数特性スペックを規定してもらいたい。THD＋N特性の−115dB、％換算では0.00018％で優れた特性である。同様にダイナミックレンジ特性とS/N比特性（いずれもA-Weighted条件）の120dBも優秀であり、価格帯では中級グレードであるがオーディオ特性としては高級グレードに分類される。

●オーディオ特性スペック例-10

　オーディオスペック特性例のラストに韓国Novatron、カクテルオーディオブランドのオールインワン・マルチメディア・プレーヤーX35を取り上げる。図187にX35の外観図とスペック抜粋を示す。本機はCDプレーヤー、ネットプレーヤー、プリメインアンプ（定格出力100W＋100W）機能を1ケースに収めた統合型ハイレゾ再生機で、LAN接続とスピーカー接続でハイレゾ再生が可能である。ハイレゾフォーマット対応は、
＊PCM・32ビット/fs＝384kHz
＊標準DSD、DSD・5.6MHz/DSD・11.2MHz
となっている。もうひとつの特徴は背面パネルにHDDディスクの着脱機能があり、ミュージックサーバーとしても機能させることができることである。

　本機のオーディオ特性スペックはPRE OUT（オーディオプレーヤーのライン出力と同

7 ハイレゾ対応オーディオ機器のスペック表示とその意味

PRE-OUT (L&R RCA, Dynamic Range: 127dB(Max 2Vrms, Stereo, THD+N: 0.0004%)
Headphone Out(6.35mm Jack, 100mW+100mW@1Khz, 600ohm, 0.1% THD)

図187 オーディオ特性スペック例-10

等）での規定で、ダイナミックレンジ特性とTHD＋N特性のみが規定されている。周波数特性に関するスペックはない。ダイナミックレンジ特性は127dB、THD＋N特性は0.0004％と共に高性能グレードスペックである。但し、この雑な？スペック規定の仕方から推定すると採用D/AコンバーターICデバイスのオーディオ特性スペックをそのまま流用して表示している可能性もぬぐいされない。

●オーディオ特性スペック例のまとめ

　本項ではオーディオ特性スペック例として実製品10機種のオーディオスペックを検証したが読者諸氏もお分かりの通り、また本項冒頭で述べた通り、各社/各製品でスペック規定の仕方は全く統一されていないことが明らかになった。

　ハイレゾ再生機器の購入検討においてハードウェア・スペックを参考とすることを推奨してきたが、これでは正確な比較検討は無理かも知れないとも思われる。正直なところどう解説するか悩ましいところである。オーディオ特性としては、条件が異なるもののダイナミックレンジ特性を比較基準にするのが安全策と言える。100dB/110dB/120dBといった規定値はJEITAの測定法によるもので規定されているので、これを逸脱した測定法を用いることはまずないという事が理由のひとつである。ダイナミックレンジ特性の規定がない場合はTHD＋N特性も頼りになる。0.002％以上は汎用グレード、0.001％台は中級グレード、0.001％未満は高級グレードとして扱える。THD＋N対信号レベル特性（**図22**参照）の標準的特性から、例えば、0dBFSでのTHD＋N特性が0.0004％であれば、−60dBFSでのTHD＋N値は0.4％となりdB換算で−48dB、すなわち、ダイナミックレンジ特性としては、60＋48＝108dBにA-Weightedフィルターの効果分2dBをプラスして110dBと換算できる。**図22**に示した通り、実際のTHD＋N対信号レベル特性は0dBFS付近の大振幅レベルでは対信号レベル特性がリニアでなくなり、やや悪化する傾向があるので、実際は10dB以上良い値となる。

177

APPENDIX-5

　ハイレゾの登場は従来からのMP3を中心とするポータブルオーディオ機器にも波及している。こうしたポータブルオーディオ機器でハイレゾ再生が必要かは疑問が残るが、どちらかと言えば商業的な目的で開発/販売されていると言える。**図188**にハイレゾ対応ポータブル機器例、**図189**にハイレゾ対応イヤフォン例（周波数特性スペックとして40kHz以上を規定）をそれぞれ示す。

　　ONKYO DP-X1A　　　SONY NW-ZX2-B　　　IRIVER AK100 Ⅱ

図188　ハイレゾ対応ポータブル機器例

　　PIONEER SE-CH9T　　　　　SONY XBA-N3

図189　ハイレゾ対応イヤフォン例

Chapter 8

ハイレゾを支える基幹デバイス

> 8-1. A/DコンバーターIC
> 8-2. D/AコンバーターIC
> 8-3. その他のデジタルオーディオ用基幹デバイス

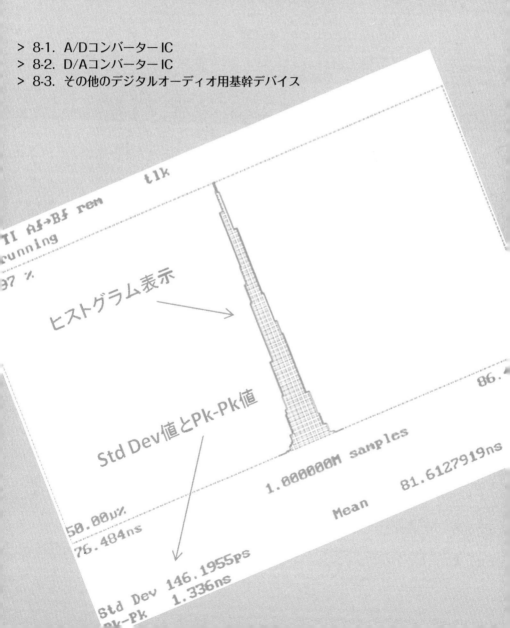

8 ハイレゾを支える基幹デバイス

　本章ではハイレゾのハードウェア機器に用いられる基幹デバイスについて解説する。図190のハイレゾ対応機器の内部写真に示す通り、デジタルオーディオ機器は半導体素子、大規模LSI、アナログ/デジタル各種IC、ディスクリート半導体素子の塊でもある。

　　　　図190　ハイレゾ対応機器内部写真例

　こうした半導体の中でも、録音機器ではA/DコンバーターIC、再生機器ではD/AコンバーターICがオーディオ特性を決定する基幹デバイスであり非常に重要なデバイスである。ある意味デジタルオーディオ機器はこれらA/D・D/A変換を実行するデバイスICのオーディオ特性によって機器としての仕様とオーディオ特性が決定されることになる。また、DSD・11.2MHzやPCM・32ビット/384kHz等の最新フォーマットに対応した再生機能の可否を決定する要素にもA/D・D/Aコンバーターデバイスの動作仕様で決定される。
　また、音楽ファイルの生成/再生にはエンコーダー/デコーダLSIが必要であり、USBインターフェースにはUSBコントローラLSIが必要である。これらのLSIは完全にデジタル領域での制御デバイスであるのでオーディオ特性（音質）には直接影響ないことから簡単に解説する。また、基本機能とは別にデジタルオーディオ・インターフェースに関係するICデバイスもあり、これについても簡単に解説したい。

8-1．A/DコンバーターIC
　ハイレゾに限らず、デジタルオーディオ・アプリケーションにおける録音工程において

はA/D変換機能が必要になる。すなわち、Analog-PCM変換、Analog-DSD変換の両機能である。このA/D変換はA/DコンバーターICで実行される。A/DコンバーターICはD/AコンバーターにIC比べてプロ用録音機器、デジタル録音レコーダー等搭載機器が限られるので需要も少ないので種類も少なく、特にハイレゾ録音に対応するもICデバイスは非常には限られる。

● **A/DコンバーターICの構成と機能**

図191に標準的なPCM/DSD対応オーディオ用A/DコンバーターICの基本機能ブロック図を示す。

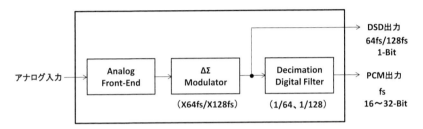

図191　A/DコンバーターIC機能ブロック図

オーディオ用A/DコンバーターICの構成は基本的に、アナログ・フロントエンド部、ΔΣ変調部、デシメーション・デジタルフィルター部で構成されている。アナログ・フロントエンド部は差動/シングル入力対応、信号ゲインスケーリング、アンチエリアシング・フィルター機能等を有し、ΔΣ変調部に所定のアナログ信号を伝送する。ΔΣ変調部はアナログ-デジタル変換の実行部で、ΔΣ変調次数と動作サンプリングレートで基本性能が決定される。ΔΣ変調次数＝4～5次、サンプリングレート・fs＝64fsまたは128fs動作が高性能A/DコンバーターICでの標準動作である。デシメーション・デジタルフィルターはΔΣ変調された×64fs/×128fsの1ビットデータを1/64、1/126にサンプリングレート変換し、1fs・16ビット/24ビット/32ビット等のPCM信号として出力する。DSD出力はΔΣ変調された1ビット・64fs/128fsのデータがそのままDSD信号として出力される。

アナログ性能としてのダイナミックレンジ特性はΔΣ変調器の帯域内量子化ノイズレベルでほぼ決定される（第4章、図88参照）。例えば、PCMのfs＝44.1kHz動作でのΔΣ変調器の動作は64fs＝（44.1kHz×64）＝2.8224MHzであり、DSD・64と同じ動作である。従って、ΔΣ変調器としてのでのダイナミックレンジ特性はPCMとDSDでは差異が無く全く同じであることになる。高性能A/DコンバーターICのΔΣ変調器は量子化ビット数を通常の1ビットではなくマルチビット化して高性能特性を実現させている。

181

●ΔΣ変調器の動作レート

　前述のΔΣ変調器の動作について少し詳細に解説する。図192にΔΣ変調器の動作サンプリングレート、実周波数について示す。ここではPCMとDSDの比較を簡単にするために基準サンプリングレート・fsは44.1kHz系に統一している。

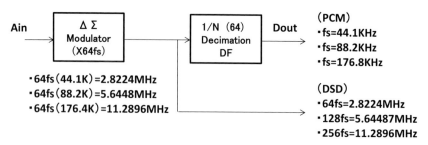

図192　ΔΣ変調器の動作サンプリングレート

　ΔΣ変調器の動作サンプリングレートは図192では×64fsに固定している。CDDAのfs＝44.1kHzではΔΣ変調器は×64fs＝（44.1kHz×64）＝2.8224MHzで動作する。ΔΣ変調された1ビット/2.8224MHz信号は、DSDではそのままDSD信号として出力されるが、PCMではデジタルフィルターにより1/64デシメーションされfs＝44.1kHz/16～24ビットのPCM信号として出力される。ハイレゾ対応の基準サンプリングレート、fs＝88.2kHz（fs＝96kHz）では動作サンプリングレートも2倍となり、88.2kHz×64＝5.6448MHzとなる。同様にこの出力はDSDではそのままDSD・128として出力され、PCMでは1/64倍されてfs＝88.2kHzのPCM信号として出力される。この関係はfs＝176.4kHz（fs＝192kHz）においても同じであり、176.4kHz×64＝11.2896MHzとなる。

　すなわち、ハイレゾ録音において、「PCMのfs＝88.2（96）kHzとDSD・128/5.6MHz」、「PCMのfs＝176.4（192）kHzとDSD・256」ではΔΣ変調器は同一条件（動作サンプリングレート）で動作しており、帯域内量子化ノイズ特性、ダイナミックレンジ特性も完全に同一となる。但し、PCMの場合は量子化ビット数によって特性が制限される。例えば、ΔΣ変調器が単体特性で120dBのダイナミックレンジ特性を有している場合でも、PCM出力信号を16ビットとすれば量子化ノイズにより98dBに制限される。PCM出力信号24ビット出力とすれば120dBのダイナミックレンジとなる（それでも理論値の146dBより低い）。ΔΣ変調器や他の要素を含めてA/DコンバーターICとしては120dB台が現在の性能限界であり、130dB以上のものはICデバイスとしては存在しない。

●A/DコンバーターICの実際

　表3に、現在市場で見かけられる高性能オーディオ用A/DコンバーターICの代表例を

主要特性とともに示す。ハイレゾ対応プロ録音機器に用いられるオーディオ特性（120dB前後のダイナミックレンジ特性）を有しているデバイスは非常に少なく、同表で掲げた、旭化成エレクトロニクスのAK5397、AK5574/5576/5578ファミリー、TI（テキサスインスツルメンツ）のPCM4222、PCM4204といった各モデルに限られ、プロ用録音機器、デジタルミキシングコンソールやA/Dコンバーターユニットは、ここで掲げたいずれかのA/DコンバーターICを使用しているはずである。

表3　主要高性能A/DコンバーターIC概要

	AK5397	AK5574/6/8	PCM4222	PCM4204
PCM・fs対応	768kHz	768kHz	192kHz	192kHz
PCM・分解能	32ビット	32ビット	24ビット	24ビット
DSD・fs対応	256fs	256fs	128fs	128fs
SNR/fs＝48k	127dB	121dB	123dB	118dB
SNR/fs＝96k	120dB	121dB	123dB	118dB
SNR/fs＝192k	117dB	121dB	123dB	117dB

同表ではTHD＋N特性は省略しており、SNRはS/N比＝ダイナミックレンジ特性として表示している。ハイレゾ対応フォーマットに関しては、PCM42xxファミリーは設計開発時期が10年前であるのに比べてAK5xxxファミリーは比較的新しいので、PCM42xxファミリーが24ビット/fs＝192kHz対応なのに比べて、AK5xxxファミリーはPCM・32ビット/fs＝768kHz、DSD・256に対応している。ダイナミックレンジ特性比較でみれば、fs＝96kHzおよびfs＝192kHzのハイレゾ対応動作での最高性能は、標準動作条件ではPCM4222の123dBとなる。すなわち、現存するハイレゾソフト/アルバムにおいて、記録されている音楽の実際のダイナミックレンジは最大でも123dBとなる。これはA/DコンバーターIC単体特性としてのものなので、実際のA/D変換機能の機器での入力アナログ回路特性、実装条件等を加味すると実質ダイナミックレンジ特性は120dB程度となると推定される。この事は**図96**で示したプロ用A/Dコンバーターユニット、Horusのダイナミックレンジ特性スペックが119.5dBで規定されていることでも検証できる。

AK5397は32ビット分解能であってもfs＝96kHz/192kHz動作でのダイナミックレンジ特性は120dB/117dBであり、24ビット分解能・PCM4222の123dBよりは劣る。32ビット、fs＝384/768kHzのような過度な高性能フォーマットがあまり意味のないものであることがこのスペックからも分かる。

●AK5574の特徴と概要

A/Dコンバーターの実モデルでの特徴と概要を解説する。最初にAK5574ファミリーに

ついて解説する。AK5574ファミリーはモデル名AK557xの最後のxの数で構成チャンネル数を表す。例えばAK5574は4チャンネル、AK5578は8チャンネルである。これらの複数チャンネルはパラレル接続することによりダイナミックレンジ特性の性能向上を実施することができる。基本機能はPCM・32ビット分解能/fs＝768kHz、PCM・256fs対応の高性能A/DコンバーターICである。

図193にAK5574の機能ブロック図を示す。基本構成はΔΣ変調部、デジタルフィルター部（図中HPFで示されるHigh Pass Filterを含む）、出力インターフェース部、制御（Controller）部で構成されている。

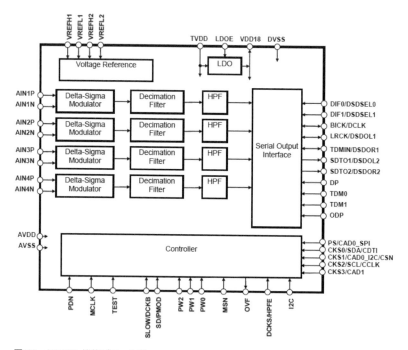

図193 AK5574 機能ブロック図

AK5574ではチャンネル数は4チャンネルであり、デジタルミキサー等のマルチチャンネルに対応することができる。HPFはDCオフセット分のキャンセルに用いられる。図では記載がないがDSDの場合、ΔΣ変調出力はデジタルフィルターを介さないで直接出力インターフェースに伝送される。AK5574の主な特徴を次に掲げる。
＊4チャンネルA/Dコンバーター
＊PCM・32ビット分解能

8 ハイレゾを支える基幹デバイス

＊対応サンプリングレート：8kHz〜768kHz
＊アナログ入力：完全差動入力
＊S/（N＋D）：112dB
＊ダイナミックレンジ：121dB（4-2Mode・124dB、4-1Mode・127dB）
＊S/N比：121dB（4-2Mode・124dB、4-1Mode・127dB）
＊デジタルフィルター：シャープ/スロー、ショートディレイ選択可
＊出力フォーマット：PCM、DSD64、128、256
＊オーバーフロー検出機能
＊電源電圧：5V（アナログ）、3.3V（デジタル）
＊パッケージ：48Pin・QFN

これらはプロ用A/DコンバーターICとして相応の特徴を有していると言える。**図194**に
AK5574のオーディオスペック（抜粋）を示す。

Parameter			Min.	Typ.	Max.	Unit
Analog Input Characteristics:						
Resolution			-	-	32	bit
Input Voltage		(Note 10)	±2.7	±2.8	±2.9	Vpp
S/(N+D)	fs= 48 kHz BW=20 kHz	−1 dBFS	100	112	-	dB
		−20 dBFS	-	97	-	dB
		−60 dBFS	-	57	-	dB
	fs= 96 kHz BW=40 kHz	−1 dBFS	-	110	-	dB
		−20 dBFS	-	90	-	dB
		−60 dBFS	-	50	-	dB
	fs= 192 kHz BW= 40 kHz	−1 dBFS	-	110	-	dB
		−20 dBFS	-	90	-	dB
		−60 dBFS	-	50	-	dB
Dynamic Range (−60dBFS with A-weighted)		Not Sum. mode	117	121	-	dB
		4-to-2 mode	-	124	-	dB
		4-to-1 mode	-	127	-	dB
S/N (A-weighted)		Not Sum. mode	117	121	-	dB
		4-to-2 mode	-	124	-	dB
		4-to-1 mode	-	127	-	dB

図194 AK5574 オーディオスペック（概要）

主要オーディオスペックの測定条件は**図194**では表示していないが、データシートでは
スペック表欄外に次のように記載されている。
＊24ビット・データ（32ビット分解能であっても特性規定/特性は24ビット）
＊測定低域：20kHz/fs＝48kHz、40kHz/fs＝96/192kHz

図194ではS/（N＋D）特性（ THD＋N特性と同定義）、ダイナミックレンジ特性、S/N
比特性が規定されている。THD＋N特性は動作サンプリングレート・fs＝48kHz/96kHz/
192kHzの各条件でのTYP（標準）値とfs＝48kHz条件でのMIN（最小）値が規定されている。
fs＝192kHz条件でのTYP値は110dBで％換算では0.00032％であり非常に優れた値である。

185

ダイナミックレンジ特性、S/N比特性はA-Weightedの条件表示通り聴感補正フィルターでのTYP、MANが規定されており、両者の規定値は全く同じである。標準121dBのダイナミックレンジ特性は、4個あるΔΣ変調部の動作設定を2個パラレル（4-To -2Mode）、4個パラレル（4-To -1Mode）とすることにより124dB、127dBと3dB/6dB性能アップを実行でき、この場合PCM4222の標準動作での123dBを上回ることができる。

　信号帯域幅あるいは周波数特性は、動作基準サンプリングレート・fsと内部デシメーション・デジタルフィルターの周波数特性で決定される。AK5574の内蔵デジタルフィルターは、シャープ・ロールオフ/スロー・ロールオフ特性選択とノーマル/ショートディレイの選択機能を有している。データシートでは動作サンプリングレートごとに各特性が規定されているが、代表例としてfs＝96kHzにおける特性規定を図195に示す。

Parameter		Symbol	Min.	Typ.	Max.	Unit
Digital Filter (Decimation LPF): SHARP ROLL-OFF (Figure 7) (SD pin= "L", SLOW pin= "L")						
Passband (Note 13)	+0.001/–0.06 dB	PB	0	-	44.1	kHz
	–6.0 dB			48.8		kHz
Stopband (Note 13)		SB	55.7	-	-	kHz
Stopband Attenuation		SA	85	-	-	dB
Group Delay Distortion 0 - 40.0 kHz		ΔGD	-	0	-	1/fs
Group Delay (Note 14)		GD	-	19	-	1/fs
Digital Filter (Decimation LPF): SHORT DELAY SHARP ROLL-OFF (Figure 9) (SD pin= "H",SLOW pin= "L")						
Passband (Note 13)	+0.001/–0.06 dB	PB	0	-	44.1	kHz
	–6.0 dB		-	48.8		kHz
Stopband (Note 13)		SB	55.7	-	-	kHz
Stopband Attenuation		SA	85	-	-	dB
Group Delay Distortion 0 - 40.0 kHz		ΔGD	-	-	2.8	1/fs
Group Delay (Note 14)		GD	-	5	-	1/fs

図195　デジタルフィルター特性

　デジタルフィルターは通過帯域（Passband）、阻止帯域（Stopband）、阻止帯域減衰量（Stopband Attenuation）、群遅延時間（Group Delay）の各特性が規定されている。AK5574の場合、通過帯域、カットオフ周波数は－6dB周波数で規定されており、44.1kHzとなっている。この周波数帯域は当然ハイレゾフォーマットに十分な特性である。

　Group Delayにショート（SHORT DELAY）が用意されているには理由がある。Group Delayの定義はアナログ信号が入力されてから、A/D変換されたPCMデジタル信号が出力されるまでの遅延時間で定義され、図195の場合はノーマルで19/fs、ショートで5/fsの正規化周波数で規定されている。例えば、fs＝96kHz条件でノーマルでは、19/96kHz＝0.2msec、ショートでは5/96kHz＝0.05 msecとなる。

　この遅延時間が録音現場で問題となるケースがある。録音現場ではデジタルミキサー等でレコーディング/ミキシング作業が行われるが、同時に「モニター」として演奏者にミキシングされた信号がD/A変換されてフィードバックされる。ここで、モニターとして演奏

186

者にリターンされた音が実演している音に対して、ある程度以上の遅延時間が発生すると当然「違和感」となる。この違和感は総遅延時間（D/A変換の遅延時間との総合）で1msec未満であれば問題ないとする見解もあるが、演奏者個人の感性にも依存するので特定の要求数値はない。

●PCM4222の特徴と概要

　PCM4222は2チャンネル、PCM・24ビット/192kHz、DSD・5.6MHzに対応する高性能A/DコンバーターICで、プロ/スタジオ用録音機器への採用実績も多い。逆にいうとDVD-Audio登場時やハイレゾの登場時の高性能（高音質）録音は当デバイスが実行していたと言える。図196にPCM4222の機能ブロック図（抜粋）を示す。

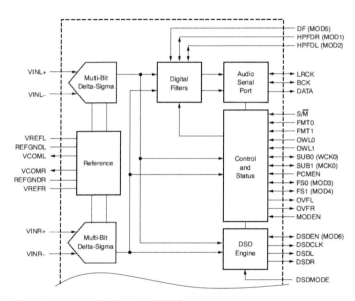

図196　PCM4222 機能ブロック図（抜粋）

　PCM4222の基本構成はAK5574とほぼ同じであるが、ΔΣ変調器は高性能化を実現するために量子化器がマルチビット（実際は6ビット）化されている。DSD出力（1ビット）に対応するためにマルチビット量子化を1ビットに変換する機能を実行するDSD Engineが組み込まれている。高性能化のため、アナログ信号入力形式はバランス（差動）タイプとなっている（AK5534も同様）。PCM4222の特徴を次に掲げる。
＊24ビット分解能ステレオA/Dコンバーター
＊対応サンプリングレート：PCM・216kHz、DSD・64/128

＊差動信号入力

＊高性能マルチビットΔΣ変調器

＊DSD対応DSDエンジン

＊PCMオーディオ特性：

　THD＋N＝－108dB、ダイナミックレンジ＝123dB

＊DSDオーディオ特性

　THD＋N＝－108dB、ダイナミックレンジ＝121dB

＊デジタルフィルター：シャープ/スロー、ショートディレイ選択可

＊オーバーフロー検出機能

＊電源電圧：4V（アナログ）、3.3V（デジタル）

＊パッケージ：48Pin・TQFP

　これらの特徴はプロ用オーディオA/Dコンバーターとして開発/リリースされた2006年から現在に至るまで業界の代表的デバイスの位置を確保している。

　図197にPCM4222のオーディオスペック（抜粋）を示す。データシート記載のスペック規定は各種動作条件が多くサイズが大きいので、ここではPCM・fs＝96kHz/192kHzの測定帯域（BW）40kHz条件によるものとDSD・64fsによるものを抜粋した。

PARAMETER	CONDITIONS	PCM4222			UNITS
		MIN	TYP	MAX	
PCM output, Double Speed mode, f$_S$ = 96kHz	BW = 22Hz to 40kHz				
Total harmonic distortion + noise (THD+N)	f = 997Hz, −1dB input		−108		dB
	f = 997Hz, −20dB input		−98		dB
	f = 997Hz, −60dB input		−58		dB
Dynamic range, no weighting	f = 997Hz, −60dB input		118		dB
Dynamic range, A-weighted	f = 997Hz, −60dB input		123		dB
Channel separation/interchannel isolation	f = 10kHz, −1dB input		135		dB
PCM output, Quad Speed mode, f$_S$ = 192kHz	BW = 22Hz to 40kHz				
Total harmonic distortion + noise (THD+N)	f = 997Hz, −1dB input		−107		dB
	f = 997Hz, −20dB input		−98		dB
	f = 997Hz, −60dB input		−58		dB
Dynamic range, no weighting	f = 997Hz, −60dB input		118		dB
Dynamic range, A-weighted	f = 997Hz, −60dB input		123		dB
Channel separation/interchannel isolation	f = 10kHz, −1dB input		135		dB
DSD output: 128x mode, 5.6448MHz output rate	BW = 20Hz to 20kHz				
Total harmonic distortion + noise (THD+N)	f = 997Hz, −1dB input		−108		dB
Dynamic range, no weighting	f = 997Hz, −60dB input		121		dB
Channel separation/interchannel isolation	f = 10kHz, −1dB input		135		dB

図197　PCM4222 オーディオスペック（抜粋）

　測定帯域はfs＝96/192kHz共に40kHzでの帯域制限条件が規定されている。THD＋N値はTYP108dB（PCM・fs＝96kHz、DSD）で規定され、％換算では0.00040％となりこれも非常に優れた高性能である。AK5574も同様であるが、信号入力レベルは最大値（0dBFS）

でなく−1dBを基準に規定されている。これはA/Dコンバーターとして0dBFSを超えると動作異常となることを避けるためである。アナログ部を含めたゲイン（信号入力レベル）の個体バラツキ等を考慮し、量産テスト時のオーバーフローへ1dBの信号レベルマージンを設定しているものである。

PCMのダイナミックレンジ特性はA-Weighted条件で123dB（TYP）、DSDのダイナミックレンジ特性はA-Weightedなし条件にて121dBで規定されている。A-Weightedフィルターの使用は民生機器での規格であるため、プロ機器ではA-Weightedフィルターなしでのスペックが存在するので、両条件での特性が規定されているものである。繰り返すが、この123dBは何らの特殊な処理をしない限り、ハイレゾ録音の実質的なダイナミックレンジはこの値を上回ることはない。24ビット量子化の理論値は146dBであるが、この理論値に対してもまだ20dBもの壁がある。図87のfs＝192kHz動作でのTHD＋N対信号周波数特性例は実はこのPCM4222のものである。図198にPCM4222のFFT特性例を示す。（A）はfs＝96kHz、（B）はfs＝192kHzのもので信号レベルは1kHz、−60dBである。

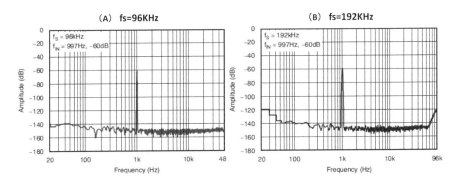

図198　FFT測定例

いずれの場合も1kHz信号スペクトラム以外の高調波成分は見られないのでダイナミックレンジ特性はほとんどノイズ成分で決定していることが分かる。同図において、ノイズフロアレベルは−150dB付近にあるが、これはFFT測定ではノイズフロアーは雑音スペクトラム密度（単位：nV/$\sqrt{Hz}$）で示されるため、−150dBは実効値（RMS）ではないのでこの値はダイナミックレンジ特性値と異なる。また、FFT測定では帯域幅やサンプル数、ウィンドウの種類によって測定結果は異なるのでデータ比較時は測定条件も確認しなければならない。

図199に同様に周波数特性例を示す。（A）はfs＝96kHz、（B）はfs＝192kHzのもので、信号レベルは−1dBである。（A）の測定帯域は40kHz、（B）の測定帯域は80kHzで制限しているが、いずれの場合も±0.1dB未満のフラットな特性であることが分かる。従って、A/D

コンバーター単体（標準アナログ入力回路を含む）では十分ハイレゾに対応していることも分かる。低域側での僅かなレスポンス低下はアナログ回路のACカップリングによる影響と思われる。

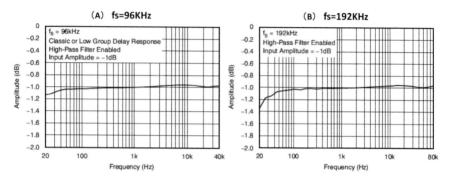

図199　PCM4222 周波数特性例

　これらの周波数特性はアナログ入力回路とPCM4222内蔵デジタルフィルターとの総合特性である。AK5574と同様に、PCM4222のデジタルフィルターはシャープ/スロー・ロールオフ特性選択とショートディレイの機能を有している。Group Delay特性は次の通りである。
＊ノーマル・39/fs：39/96kHz＝0.38msec、39/192kHz＝0.20msec
＊ショート・21/fs：21/96kHz＝0.22msec、21/192kHz＝0.11msec
　図200にPCM4222のアナログ入力回路例を示す。差動入力であるのでアナログ入力回路も差動入力-差動出力で構成される。プロ用のアナログ信号伝送はほとんどバランス伝送なので差動（バランス）対応は当然である。また、この例では信号ゲインはG＝270Ω/560Ωで、1以下の約－6.3dBに設定されている。これはダイナミックレンジ特性に対しての1種の隠れ技的条件で、INPUT（＋/－）ポイントでの信号レベルはVINL/Rでのフルスケール約5.6Vより大きな信号約11.2Vの信号レベルとなる。これは信号レベルを大きくすることにより、ダイナミックレンジ特性規定値、123dB（S/N比特性も同様）を良く見せるために制定されている。使用するオペアンプの選択には慎重な検討を要する。ここでは5534A、OPA227が表示されているが、120dB以上の特性を得るには相応の低ノイズ特性が求められ、かつ信号帯域（利得帯域幅特性）もハイレゾ対応に広帯域である必要がある。
　この回路例では1次のLPF回路を兼用している。また、オペアンプのループ内にある40.2Ωの抵抗と2.7nFのキャパシターはPCM4222からのスイッチングノイズに対するフィルター機能として動作している。

8　ハイレゾを支える基幹デバイス

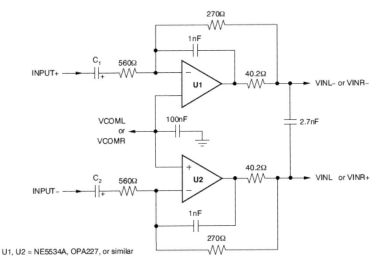

図200　PCM4222 アナログ入力回路例

8-2. D/AコンバーターIC

　D/AコンバーターICはデジタルオーディオの普及とともに変換方式を含めて非常に多くの種類のデバイスICが開発されてきた。オーディオ性能も汎用グレードから高性能グレードまで非常に広範囲である。また、比較的新しいデバイスICではD/A変換機能にプラスしてデジタルボリュームや位相制御機能、ミュート機能等の各種オプション機能を備えているのが一般的である。従来からのCDDAプレーヤーでは採用DACデバイスICに優れたものを使用していることが製品フィーチャーのひとつでもあった。いずれにしろハイレゾ再生機器においては必要不可欠なデバイスICであり、ハイレゾ再生機器のハードウェアとしてオーディオ特性は使用するD/AコンバーターICのオーディオ特性により制限されることになる。音質面ではコンバーターIC各社/各モデルによりある程度の音質傾向を有しており、これらを踏まえて採用モデルが選択されている。

●D/AコンバーターICの機能と概要

　DSD対応機能付き高級グレード（高性能）STEREO・D/AコンバーターICの機能ブロック図を**図201**に示す。D/AコンバーターICの基本機能はPCM（DSD）－アナログ変換であり、変換方式も幾つかあるが、同図では現在最も標準的に用いられているΔΣ型におけるものを示した。

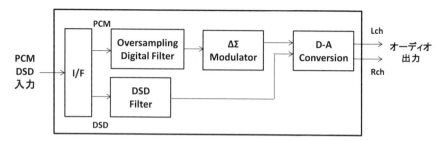

図201　D/AコンバーターIC機能ブロック図

　標準的なΔΣ型D/AコンバーターICは、入力I/F部、オーバーサンプリング・デジタルフィルター部、ΔΣ変調部、D/A変換部で構成される。PCMまたはDSD信号入力はPCMではオーバーサンプリング・フィルター部で×8倍オーバーサンプリングしてΔΣ変調部に伝送される。ΔΣ変調器は高性能化実現のためにA/Dと同様にマルチレベル化されているものが主流となっている。ΔΣ変調された信号はD/A変換部でアナログ信号に変換されてオーディオ信号として出力されるが、ここでの変換方式には次の2種類がある。
＊SCF（Switched Capacitor Filter）
＊アナログ電流Segment
　どちらが優れているかは一概に言えないが、この方式の差異による再生音質傾向の差異は存在する。DSD再生の場合は、DSDフィルターを介してD/A変換部でアナログ信号に変換されるが、アナログ電流Segment方式の場合はDSD再生原理に従い、アナログFIRフィルターとして機能させることによりアナログ信号に変換する。オーディオ信号出力はこのグレードになるとほとんど差動（バランス）出力となる。

● D/AコンバーターICの代表的モデル概要
　表4に現行のD/AコンバーターICの代表的モデルの概要を示す。ここでは各社のフラッグシップモデル（最高性能グレード）デバイスを掲げた。

表4　D/AコンバーターIC代表モデル概要

	CS4398	AD1955	AK4497	PCM1795	PCM1792	ES9038
分解能	24ビット	24ビット	32ビット	32ビット	24ビット	32ビット
PCM対応fs	192kHz	192kHz	768kHz	192kHz	192kHz	768kHz
DSD対応fs	64fs	64fs	512fs	128fs	128fs	512fs
THD＋N	－107dB	－110dB	－116dB	－106dB	－108dB	－122dB
D・Range	120dB	123dB	128dB	123dB	127dB	132dB
出力	差動電圧	差動電圧	差動電圧	差動電流	差動電流	差動電流

8 ハイレゾを支える基幹デバイス

　デジタルオーディオ用D/AコンバーターICは比較的高性能なモデルとなると、外資（米国）系半導体企業のものがほとんどである。CS4398は米国シーラスロジック、AD1955は米国アナログ・デバイセズ、PCM1795/1792は米国テキサスインスツルメンツ（バー・ブラウン・ブランド）、ESS9038は米国ESSテクノロジーの製品である。唯一国内半導体企業のものはAK4497の旭化成エレクトロニクスの製品である。比較的新しいAK4497とES9038はPCM・32ビット/768fs、DSD・512fsといったオーバースペックとも言えるフォーマットに対応している。他のモデルは開発/販売開始から10年前後経過しているが、今現在でも多くのデジタルオーディオ機器に採用されている。

　THD＋N特性、ダイナミックレンジ特性といったハイレゾ再生において最も重要なオーディオ特性は最高グレード性能だけあって各社とも優れている。表中の値は帯域条件、動作条件が全て同一でないので直接比較はできないが目安となる。ハイレゾ再生での最大のメリットのひとつダイナミックレンジ特性は各モデルとも120dB以上あり、ハイレゾ再生に適応した性能となっている。120dBという数値を別の観点で示すと、2Vrmsの基準信号に対してのノイズレベルは2μVrmsとなり、130dBでは0.6μVとなる。このノイズレベルはオーディオ用低雑音オペアンプ1個単体でのノイズレベルであり、製品実装での総合特性として120dB以上の特性を実現されるには相応の部品選択、回路/実装技術を要することとなる。出力形式が差動であるのもこうした高性能を実現させるための手法であり、更には対ノイズ性を優位にするために信号出力は電流出力タイプが多い。これは5V単一動作条件で電圧出力とすると、その信号出力レベルは5V未満に制限されるので、S/N特性（ダイナミックレンジ特性）で不利になるためである。電流出力タイプでは外部にI/V（電流-電圧）変換回路を必要とする。

　以下、各社の代表的モデルについて簡単に解説する。

●CS4398の特徴と概要

　CS4398の開発/リリースは2005年であり、10年以上の月日が経過しているが、今現在でも中〜高級デジタルオーディオ機器に用いられている。主な特徴は次の通りである。

＊24ビット分解能ステレオD/Aコンバーター

＊PCM最大fs＝192kHz対応

＊DSDストリーム選択可。50kHzスカーレットブック対応LPF内蔵

＊THD＋N特性：107dB

＊ダイナミックレンジ特性：120dB

＊SCF方式D/A変換

＊差動電圧出力

＊動作電源：＋5V（アナログ）、＋3.3V（デジタル）

＊パッケージ：28PIN・TSSOP

図202にCS4398のブロックダイヤグラムを示す。

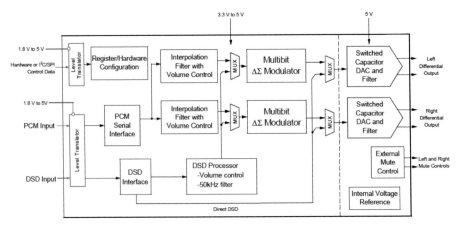

図202　CS4398 ブロックダイヤグラム

　同図に示す通り、CS4394の基本構成は入力インターフェース部、デジタルフィルター（Interpolation Filter）部、マルチビットΔΣModulator部、SC（Switched Capacitor）DAC and LPF部で構成されており、DSD信号に対するVolume Controlを実行するDSD Processor部と信号パスの選択機能がプラスされている。PCM信号パスは入力インターフェース、デジタルフィルター、ΔΣ変調器、SC DAC and Filterを経由してオーディオ信号出力となる。デジタルフィルター部ではボリュームコントロールが可能である。DSD信号パスは2系統あり、直接 SC DAC and Filterでアナログ変換されるDSD Direct動作とDSPプロセッサーを介してPCM信号に変換されてPCMと同様にアナログ信号に変換される動作があり、これらは選択可能である。

●AK4497の特徴と概要
　旭化成エレクトロニクスのAK4497は2015年開発/リリースであり、**表4**掲載のモデルの中では最も新しい。同社のVELVET SOUND$_{TM}$という独自技術による高性能D/AコンバーターICファミリーの中でもフラッグシップモデルとなっている。AK4497の主な特徴を次に掲げる。
＊32ビット分解能ステレオD/Aコンバーター
＊PCM最大サンプリングレート：fs＝384kHz
＊DSD対応：最大22.4MHz
＊THD＋N特性：－116dB

＊ダイナミックレンジ特性：128dB（Monoモード動作で131dB）
＊豊富なデジタルフィルター特性選択機能
＊差動電圧出力
＊動作電源：＋5V（アナログ）、＋3.3V（デジタル）
＊パッケージ：64Pin・TQFP

　図203にAK4997のブロックダイヤグラムを示す。入力インターフェース、デジタルフィルター、ΔΣ変調器、SCF方式D/A変換で構成されている。

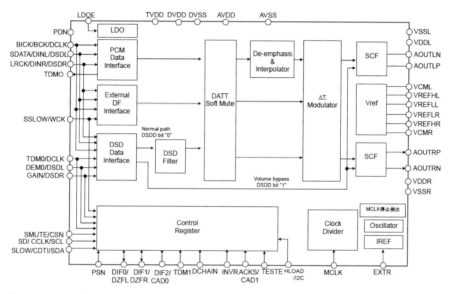

図203　AK4497 ブロックダイヤグラム

　AK5597もDSD信号については、DSDフィルターを通してPCMモードでアッテネーター処理が可能なモードとダイレクトにSCF部でアナログ信号に変換されるモードを有している。オーディオ特性は現時点での業界トップ性能であり、図204に主要オーディオ特性を示す。ここでは表示されていないが、オーディオ特性のテスト条件記述では24ビット・データで規定されている（32ビットのテスト機器が存在しない）。

　同図の最下段にあるNote8.は着目すべき注意点である。通常の測定では実効値で測定/規定するのが一般的であるがここでは平均値測定をしている。これは実効値測定に比べて1.5～2dB程度数値が良くなる。一般的な実効値表示ですると、例えば128dBは126dBとなる。この測定条件の差異を考慮してもAK4997の各特性は優秀である。THD＋N特性はサンプリングレート・fsが高くなると悪化する傾向があるが、これは測定帯域がBW＝

Parameter			Min.	Typ.	Max.	Unit
Resolution			-	-	32	Bits
Dynamic Characteristics		(Note 8)				
THD+N	fs=44.1kHz	0dBFS	-	-116	TBD	dB
	BW=20kHz	-60dBFS	-	-64	TBD	dB
	fs=96kHz	0dBFS	-	-113	TBD	dB
	BW=40kHz	-60dBFS	-	-61	TBD	dB
	fs=192kHz	0dBFS		-110	TBD	dB
	BW=40kHz	-60dBFS		-61	TBD	dB
	BW=80kHz	-60dBFS		-58	TBD	dB
Dynamic Range (-60dBFS with A-weighted)(Note 9, Note 11)			122	128	-	dB
S/N (A-weighted)		(Note 10, Note 11)	122	128	-	dB
S/N (Mono mode, A-weighted)		(Note 11)	125	131	-	dB
Interchannel Isolation (1kHz)			110	120	-	dB

Note 8. Audio Precision System Two使用。平均値測定。

図204 AK4997 オーディオスペック

20kHz/40kHz/80kHzと広くなることによるが、fs＝192kHz時のTYP値110dBは％換算では0.00032％となり高性能である。ダイナミックレンジ特性およびS/N比特性もTYP値で128dB（A-Weighted条件）とこれも極めて高性能である。

●ES9018の特徴と概要

ESSのD/AコンバーターICは**表4**のES9038をフラグシップモデルとしてES9008、ES9016/18等SABREシリーズとしてリリースされている。ここ数年各社の中〜高級デジタルオーディオ製品に多く採用されている。これにはESSの独自開発の「Hyper Stream DAC」D/A変換方式が市場に受け入れられているものと思われる。他社との比較のためSABREシリーズES9018（2チャンネルモデル）の主な特徴を次に掲げる。

＊32ビット分解能ステレオD/Aコンバーター
＊PCM最大fs＝384kHz対応
＊DSD対応：最大11.2MHz
＊差動電流出力
＊THD＋N特性：－120dB
＊ダイナミックレンジ特性：127dB
＊動作電源：3.3V
＊パッケージ：28Pin・QFN

ESSはデータシートを公開していないので、スペックを含めて詳細情報は不明である。開示されているオーディオスペック、THD＋N特性の－120dB（0.0001％）、ダイナミックレンジ特性の127dBは極めて高性能である。**図205**にES9018ブロックダイヤグラムを示す。基本構成は入力インターフェース、デジタルフィルター、ESS独自開発のJitter Reduction、32ビットHyperstream DAC、Dynamic Matchingで構成されている。

8 ハイレゾを支える基幹デバイス

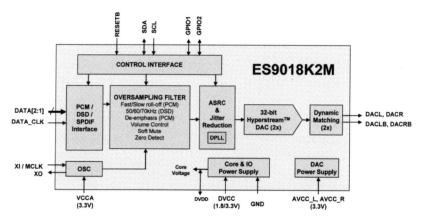

図205　ES9018 ブロックダイヤグラム

　ES9018の最終D/A変換は、推測であるが、ダイナミックマッチングが組み合わされていることから電流Segment方式によるものと思われる。他社と異なりDSD独自の信号フローが示されていないので確信はできないが、最終的には電流SegmentがDSD-アナログ変換しているもの思われる。ブロック図からはDSDの周波数特性として50/60/70kHzが選択可能であると思われる。

●PCM1792Aの特徴と概要
　TI（バー・ブラウン・ブランド）もPCM1792/1794/1795/1796等の高性能DACデバイスICファミリーをリリースしており、最高グレードPCM1792Aの開発/リリースは2004年である。ここ数年はESS製DACデバイスの採用が目立つが、以前は中〜高級グレードのデジタルオーディオ機器での採用シェアは高かった。PCM179xファミリーはTI独自開発の「Advanced Segments DAC」D/A変換方式を用いており、音質傾向がSCF方式のD/AコンバーターICに比べて明るくパワフルでクリアーな傾向があることが市場に受け入れられていると思われれ、これは今現在も変わらない。PCM1792Aの主な特徴を次に掲げる。
＊24ビット分解能ステレオD/Aコンバーター
＊PCM対応サンプリングレート：最大fs＝192kHz（200kHz）
＊DSD対応：最大5.6MHz
＊Advanced Current Segments方式
＊THD＋N特性：0.0004％
＊ダイナミックレンジ特性：127dB、モノモード9V出力で132dB
＊差動電流出力

＊動作電源：5V（アナログ）、3.3V（デジタル）
＊パッケージ：28Pin・SSOP

図206にPCM1792Aのブロックダイヤグラムを示す。基本構成は入力インターフェース、デジタルフィルター、Advanced Segments DAC変調器、Current Segment DACで構成されており、最終的なD/A変換は電流セグメントで実行される。この方式ではDSD再生時に電流セグメントはアナログFIRフィルターとして機能するためにDSDの原理と同じアナログ信号への変換を可能にしている。図206においては差動電流出力（Iout）を外部回路でI/V変換、差動-シングル変換して電圧出力（Vout）しているアナログ出力回路も示されている。

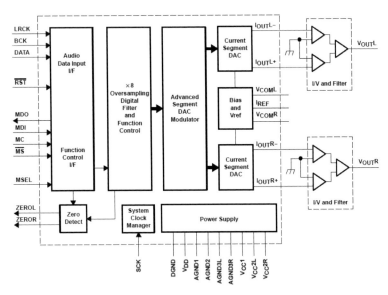

図206　PCM1792Aのブロックダイヤグラム

図207にPCM1792Aで用いられているAdvanced Segments DAC方式のブロック図を示す。この方式はマルチビット方式とΔΣ変調の融合型とも解釈でき、アナログ出力は67レベルの定電流セグメントで出力される。入力された24ビットPCM信号はMSBを除く上位6ビット信号とMSBおよび下位18ビット信号に分割され、上6ビット信号は63レベル信号に変換される。下位18ビット信号は5レベル、3次ΔΣ変調器により5レベルΔΣ変調信号に変換される。これらの信号はデジタルドメインで合成され、67レベル信号となる。この67レベル信号は67個用意された電流セグメントでアナログ信号に変換される。詳細は省略するが、この定電流セグメントは前述の通りDSD再生時にはDSDの基本であるアナ

ログFIRフィルターとして機能させることができる。Advanced DWAは一種のローテーションによるマッチング誤差の低減回路であり、電流セグメントのマッチング誤差を低減させている。

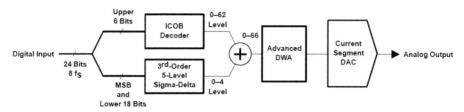

図207 Advanced Segment DAC方式ブロック図

●AD1955の特徴と概要

　アナログ・デバイセスのAD1955も10年以上前に開発/リリースされた製品で、採用例は少ないものの高性能グレードD/AコンバーターICに分類される。AD1955の主な特徴を次に掲げる。
＊24ビット分解能ステレオD/Aコンバーター
＊PCM対応サンプリングレート：最大fs＝192kHz
＊DSD対応：最大5.6MHz
＊データ・ダイレクト・スクランブルDAC方式
＊THD＋N特性：－110dB
＊ダイナミックレンジ特性：120dB（ステレオ）、123dB（モノーラル）
＊差動電流出力
＊動作電源：＋5V（アナログ、デジタル）
＊パッケージ：28Pin・SSOP

　図208にAD1955のブロックダイヤグラムを示す。AD1955も高性能化の定番でマルチビットΔΣ変調器と差動電流出力型である。基本構成は他社のD/Aコンバーターと若干異なり、PCM/DSDに対して独特の信号フローとなっている。PCM信号はデジタルフィルターで8倍オーバーサンプリング後にマルチビットΔΣ変調でΔΣ変調されるが、ノイズ・シェイプ・スクランブルという回路を通じてI-DAC（電流セグメントと推測される）で最終的にD/A変換される。このノイズ・シェイプ・スクランブルの動作は不明であるがジッターの影響を低減させる目的である。

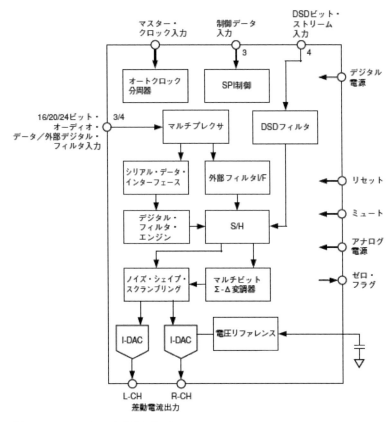

図208 AD1955 ブロックダイヤグラム

●帯域外ノイズ

　主要D/AコンバーターICについて各社の代表的モデルの特徴と概要を解説してきたが、本項ではD/AコンバーターICの共通する幾つかの特性とアプリケーション例について解説する。

　D/Aコンバーター出力には、帯域内オーディオ信号の他に帯域外にサンプリングスペクトラムとΔΣ変調による量子化ノイズが含まれている。サンプリングスペクトラム（サンプリング周波数fsに対してfs±faに分布、fa：信号周波数）は内蔵デジタルフィルターにより影響のないレベルに除去される（高性能グレード品では100dB前後の除去比を有する）。ところが、量子化ノイズはデジタルフィルター通過後にΔΣ変調器で生成されるので、ほぼそのまま出力されることになる。20kHzオーディオ帯域外のスペクトラムなので、デ

ジタルオーディオ業界ではD/A変換の「帯域外ノイズ」と呼称されている。この帯域外ノイズもD/Aコンバーター出力に接続されるポストLPFである程度除去されるが、その絶対レベルは小さい（低い）方が優位であることは間違いない。図209にPCM1792Aのデータシート記載のPCM再生での出力スペクトラムを示す。基準サンプリングレート・fs＝44.1kHz、測定帯域・BW＝100kHzのものである。

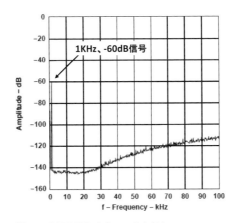

図209 PCM1792 出力スペクトラム

　同図においては、fs＝44.1kHz条件なので、fs/2＝22.05kHzより高い周波数に分布する量子化ノイズを帯域外ノイズとして見ることができる。20kHz以下の帯域内の量子化ノイズは当然ダイナミックレンジ相当の低レベルであるが、22kHz付近から量子化ノイズレベルは上昇していることが分かる。この上昇カーブと量子化ノイズの絶対レベルはDACデバイスICによって異なるが、PCM1792の場合は比較的低い（小さい）方である。100kHzにおいても－110dB以下であるので、聴感への影響もほぼ無視できるレベルと言える。ハイレゾ再生でのfs＝96kHz/192kHzでは上昇し始める周波数が2倍/4倍に高くなるので、この点でもハイレゾの技術的メリットのひとつと言える。但し、帯域外ノイズなので帯域内信号への影響や音質との関係はほとんどないと言える。

　同様に、図210にAD1955のDSD再生での出力スペクトラムを示す。測定条件は、テスト信号＝0dB/1kHz、測定帯域＝100kHz、標準DSD（64fs/fs＝44.1kHz）のものである。
　同図の例では帯域内の20kHzを境に急激にノイズスペクトラムが上昇し始め、50kHzにおいて、－80dB、100kHzにおいて－70dBとかなり大きなレベルとなっている。また、20kHzに10kHzテスト信号の2次高調波スペクトラムも見ることができる。この急激にノイズが上昇し始める周波数はDSD・128（5.6MHz）では2倍の40kHzにDSD・256（11.2MHz）では4倍の80kHzにシフトすることができる。

201

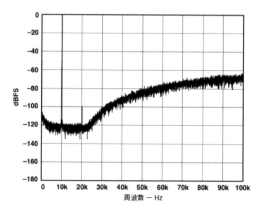

図210 AD1955 DSD出力スペクトラム

● アナログ出力回路

　高性能DACデバイスICのオーディオ出力は全て差動タイプで、電圧出力のものと電流出力のものがある。一般的には対ノイズ性能で電流出力の方が有利である。図211にPCM1792のアナログ出力回路例を示す。

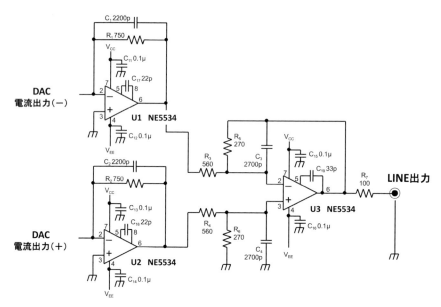

図211　PCM1792 アナログ出力回路例

8　ハイレゾを支える基幹デバイス

同図において、PCM1792の差動電流出力に対して、I/V（電流-電圧）変換とLPF兼バランスアンプでアナログ出力回路が構成されている。U1とU2はI/V変換回路で差動出力に対して＋側と－側で独立している。I/V変換出力はU3にバランス-シングル変換されてシングルエンド信号としてLINE出力となる。U3のバランスアンプ回路はポストLPF機能を兼用している。ポストLPFの次数とカットオフ周波数・fcはアプリケーションによって最適な設計がされる。ハイレゾ対応機器ではfs＝192kHzの最も高いサンプリングレートに合わせてカットオフ周波数は80kHz〜90kHzに設定されているものが多い。

DSD対応機器においてはスカーレットブック規定との兼ね合いもあるが、理論的に帯域外ノイズレベルがPCMに比べて大きいので、ポストLPFの次数は３次以上、カットオフ周波数は50kHz前後に設定されることが多い。ここでの課題はPCMとDSD両方に対応し、且つfs＝44.1kHz〜fs＝384kHz等の広範囲なサンプリング周波数に対応している機器でのポストLPFである。理想的にはサンプリングレート、PCM/DSDで最適なLPFは異なるはずであるが、多くの機器の場合、単一のポストLPFで構成しているものが多い。

●DAC動作モード

最近のD/AコンバーターICは基本的な動作設定の他、デジタルアッテネーター等豊富なオプション機能を有している。図212にAK4497に動作モード設定一覧を示す。

基本的に動作モード設定はピン制御（H/L）で実施するハードウェアモード（同図においてはPin Control Mode）とSPIやI²Cで制御するソフトウェアモード（同図ではRegister Control Mode）があり、同図に示された動作モード設定の内、比較的需要の高いものについて幾つか解説する。

＊DSD/EXDF　Mode Select

これはDSD動作モードの設定とデジタルフィルターの外部設定を選択する。外部デジタルフィルター動作モードではDAC内蔵のデジタルフィルターは用いず、外部回路でのデジタルフィルタリング処理または各社独自のプロセッサー機能による信号処理、DSP信号処理された信号を直接ΔΣ変調器の入力信号とするものである。これにより内蔵デジタルフィルターに起因するD/A変換への影響を回避することができる。実際のデジタルオーディオ再生機器でもよく用いられている。

＊Digital Filter Select

内蔵デジタルフィルターはシャープ・ロールオフ特性、スロー・ロールオフ特性、ノーマルDelay、ショートDelay等の選択機能を有している。デジタルオーディオ再生機器においてはエンドユーザーがフィルター特性を選択できる製品も実存する。デジタルフィルターの種類で帯域内オーディオ信号特性（THD＋Nやダイナミックレンジ等）に影響することはないが、第４章のハイレゾの利点で解説した通り、帯域内信号の過渡応答特性が変化するので再生音質に差異が生じる。

203

Function	Pin Control Mode	Register Control Mode
DSD/EXDF Mode Select	-	Y
System Clock Setting Select	Y	Y
Audio Format Select	Y	Y
TDM Mode	Y	Y
Digital Filter Select	Y	Y
De-emphasis Filter Select	Y	Y
Digital Attenuator	-	Y
Zero Detection	-	Y
Mono Mode	-	Y
Output signal select (Monaural Channel select)	-	Y
Output signal polarity select (Invert)	Y	Y
Sound Color Select	-	Y
DSD Full Scale Detect	-	Y
Soft Mute	Y	Y
Register Reset	-	Y
Clock同期化機能	-	Y
Resistor Control	-	Y
Gain Control	Y	Y
Heavy Load Mode	Y	Y

(Y: Available, -: Not available)

図212 AK4497 動作モード設定

＊De-emphasis Filter Select

最近のデジタルソースではほとんど見かけることがなくなったが、PCM信号にプリエンファシス処理がされているものがあり、再生側ではディエンファシス処置により周波数特性をフラットにする。規定されている基準サンプリングレート・fsはfs＝32kHz/44.1kHz/48kHzのみである。

＊Digital Attenuator

デジタルフィルターの演算処理によりPCM信号にアッテネーター処理を実行するもので、デジタルボリュームとも呼称される。第6章でも解説したが（**図168参照**）、デジタルアッテネーターは設定レベル相当の信号ロスを発生させるので信号精度は劣化する。デジタルオーディオ再生機器ではリモコンでの音量/ボリュームで用いられるが、前述の理由により再生機器側では最大音量としてプリメインアンプで音量/ボリュームコントロールすることを推奨する。

＊Zero Detection

入力PCM信号がある程度のモニター時間中ゼロが続いた場合、ゼロ検出フラグを出力する機能であり、Lch、Rch独立で機能させられるものもある。使用目的はゼロ検出により再生機器のアナログ出力段にハードミュートをかけるもので、出力ノイズをカットすることができる。高性能機器での使用はほとんどない。再生機のオーディオ特性スペックでダイナミックレンジ特性に対してS/N比が10dB以上良いスペックとなっている場合は、こ

のゼロ検出によるハードミュートをかけているケースが多い。

＊Mono Mode

高性能ステレオ（2チャンネル）D/Aコンバーター共通でもつ機能である。ステレオ動作をモノーラル動作としてオーディオ特性の向上を図る目的で用いられる。理論的にはステレオ動作→モノーラル動作化により3dBのダイナミックレンジ特性の向上を実現することができる。実際にこのモノーラルモードを用いた高級グレードのデジタルオーディオ再生機器は多く存在し、各社実製品の製品情報では全面的にフィーチャーされている。但し、DACデバイスとしてはステレオ対応では通常の倍、2個必要となる。

＊Output Signal Polarity Select

出力アナログ信号の位相制御機能（正相/逆相）で、例えばDAC出力に用いるポストLPFが反転型の場合信号位相が逆相になるので、当機能で逆相を選択すれば機器としてのオーディオ出力は正相とすることができる。

＊Soft Mute

デジタルフィルターでデジタル的に信号ミュートさせる機能である。再生中に急にミュートすると急激に信号がゼロとなることによりポップノイズとして聴こえてしまうので、ソフトミュートでは、信号に対してある程度のステップ/減衰と時間をかけてミュートさせ、ポップノイズの発生を防止している。

●システムクロックとジッター

D/AコンバーターICの動作にはシステムクロックが必要である。PCMデジタル入力信号はLRCK、BCK、DATAのシリアルデータでLRCKは基準サンプリング周波数・fsとなる。システムクロックは256fs/384fs等の周波数でLRCK（fs）と同期関係が必要となる。**図213**にD/AコンバーターICのPCM入力とシステムクロックの関係を示す。

システムクロックはD/AコンバーターIC内部では主にデジタルフィルター部と$\Delta\Sigma$変調器の動作に用いられる。**図213**の規定周波数であれば安定動作が保証されている。ここでの検証課題はPCM信号（LRCK）とシステムクロックの同期である。ハイレゾを含めて音楽ファイルはデータのみが記録されており、これはデコーダLSIで再生、PCMデータをDACデバイスICに伝送する。従って、システムクロックの発振ソースを含めてシステムクロック周波数はデコーダLSIを含めたシステム構成に依存する。USB再生も同様にUSBレシーバー/プロセッサーLSIを含めたシステム構成に依存する。

同期関係と同様に重要なのはシステムクロックソースのジッターである。システムクロックのジッターは変換精度に影響し、オーディオ特性の悪化を発生させることがある。

デジタルオーディオにおけるジッターの概念を**図214**に示す。理想クロックは立ち上がり周期tyのクロックの連続であるが、実際のクロックはランダムにΔtyの時間的不確定要素を含んでいる。これがクロックジッターである。

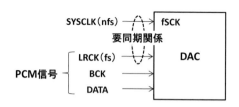

SAMPLING FREQUENCY	SYSTEM CLOCK FREQUENCY (f_{SCK}) (MHz)					
	128 f_S	192 f_S	256 f_S	384 f_S	512 f_S	768 f_S
32 kHz	4.096[1]	6.144[1]	8.192	12.288	16.384	24.576
44.1 kHz	5.6488[1]	8.4672	11.2896	16.9344	22.5792	33.8688
48 kHz	6.144[1]	9.216	12.288	18.432	24.576	36.864
96 kHz	12.288	18.432	24.576	36.864	49.152[1]	73.728[1]
192 kHz	24.576	36.864	49.152[1]	73.728[1]	[2]	[2]

図213　D/AコンバーターICのシステムクロック

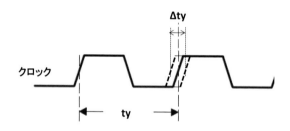

図214　クロックジッターの概念

　ジッターに対する影響度はデバイスICによって異なるが、クリスタル発振モジュール等の低ジッター特性でのシステムクロック供給が望まれる。ジッターの定義は、システムクロックの立ち上がり周期（Period/Cycle）ジッターで、タイムドメインアナライザー等で測定され、単位は秒である（クリスタル発振の周期ジッターは標準50ps以下）。このジッターに関する問題はハイレゾ機器提供各社とも十分検証しているようで、実際のハイレゾ対応機器では相応のジッター対策がされている。

　図215にクロックジッターの測定例を示す。ここではS/PDIFレシーバーICで生成したD/Aコンバーター動作用12MHzのマスタークロックの測定で、立ち上がり周期ジッターをModulation Domain Analyzerで測定したものである。

　クロックジッターの測定結果はこの例で示す通り、ヒストグラム表示され、その実効値（RMS値、画面では　Std Dev値：約146.2ps）とピーク値（画面ではPk-Pk値：1.336ns）が数値で表示される。クロックモジュール製品のクロックジッターのスペックはこの実効値で規定されるのが一般的である。デジタルオーディオ業界では、ジッターを位相ノイズ等

で表現されるケースもあるが、クロックの仕様（スペック）として唯一数値規定できるものはヒストグラム測定による実効値である。より詳細な条件としては総サンプル数やサンプル取り込みインターバル等がある。

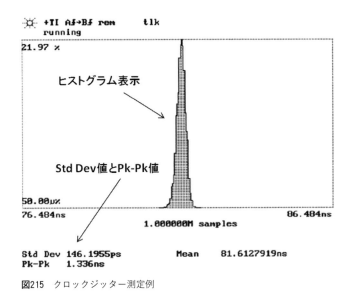

図215　クロックジッター測定例

　クロックの発振周波数偏差と周期ジッターとは混同してはならない。発振周波数偏差は規定周波数に対する初期偏差で、例えば、12.288MHz±50ppm等の「偏差」で定義されており、周波数カウンターで測定可能である。一方、クロックジッターは規定周波数に含まれるランダムな「不確実性」であり、専用の機能を有する測定器、例えばタイムドメインアナライザー、ジッター測定機能付サンプリングオシロスコープ等、比較的高額な測定器でないと正確な測定はできない。

8-3.　その他のデジタルオーディオ用基幹デバイス

　ハイレゾ録音/再生機器の中核はオーディオ特性（アナログ性能）に直接関係するA/D・D/AコンバーターICである。ハイレゾ再生機器の構成ではD/AコンバーターICとアナログ回路オペアンプICはアナログ素子であるが、その他の機能デバイスは全てデジタル信号を扱うデバイスとなる。USB DACではUSBインターフェースとホストコントロール、オーディオデータ復調等の機能が必要である。また、S/PDIF入出力機能を有する機器ではS/PDIFレシーバー/トランシーバーが必要である。音源ファイルの再生にはデコーター機能が必要であるが、これはオーディオプロセッサーや各社独自開発のFPGAで処理され

ることもある。ここではカスタムチップを除く標準的なデバイスIC/LSIの代表例について解説する。

●オーディオプロセッサーLSI
図216にロームのオーディオSoCデバイス、BM94803AEKUのアプリケーションブロック図を示す。本デバイスはUSB、SDカード、CDドライブ等のオーディオソース入力に対応し、PCM/DSDフォーマットを出力する、マイコン、USBインターフェース、メディアデコーダー機能を1チップに収納している。

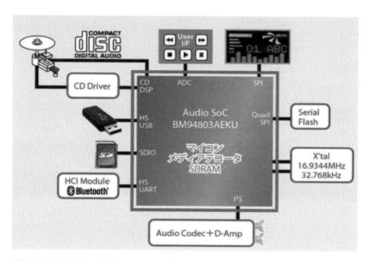

図216　BM94803　アプリケーションブロック図

本デバイスはPCM・24ビット/fs＝192kHz、DSD・5.6MHzのハイレゾにも対応しており、本書の版元である誠文堂新光社の総合オーディオ雑誌『MJ無線と実験』でも紹介され、解説記事が掲載されている。また、本デバイスを搭載したハイレゾ再生デジタルオーディオプレーヤー基板が販売されている。

●S/PDIFレシーバー/トランスミッター
S/PDIFは民生規格のデジタルオーディオ・インターフェース規格であり、JEITA、CP1201で詳細が定義/規定されている。また、IEC60958-3（Consumer）、IEC60958-4（Professional）、AES3/EBUTECH3253でも規格化されている。受信機能専用はS/PDIFレシーバー、送信機能専用はS/PDIFトランシーバー、送/受信両用はS/PDIFトランシーバーとして製品がある。ハイレゾ再生はUSBまたはLANによる音楽データ伝送であるが、

8 ハイレゾを支える基幹デバイス

　実際の製品では入/出力フォーマットに対する対応性を高めるために多くの機器がS/PDIF機能を有している。S/PDIFレシーバーは同軸（COAX）または光（OPT）ケーブルで受信したインターフェース信号からPCM信号の復調、PCM信号のサンプリングレート・fsに同期したシステムクロック（nfs）、チャンネルステータスデータ（機器の種別、ディエンファシスの有無、サンプリング周波数等の情報）を抽出して出力する。
　図217にS/PDIFレシーバーの機能ブロック図を示す。

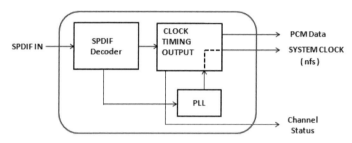

図217　S/PDIFレシーバー ブロック図

　性能の優劣は生成システムクロックの周期ジッターとなる。スタジオ機器等でも知られるプロ用途ではIEC、AES/EBUが規格を設定しており、伝送ジッター（生成クロックではなく、インターフェース信号そのもののジッター）が規格化されている。図218にシーラスロジックのプロ/コンシューマ両規格に対応するレシーバーIC、CS8416のデータシートトップページ（抜粋）を示す。
　同様にCS8416のブロックダイヤグラムを図219に示す。
　PCM信号はOLRCK、OSCK、SDOUTの各端子、システムクロックはRMCLK端子から出力される。S/PDIFインターフェースではステータスビット、ユーザービットにインターフェースするデジタル機器の各種情報が埋め込まれている。代表的なチャンネルステータスのアロケーションを次に掲げる。
＊用途：民生デジタル機器用/放送局スタジオ用
　　データタイプ：リニアPCM（LPCM）オーディオ信号/LPCM以外のオーディオ信号
＊著作権：デジタルコピー禁止/デジタルコピー許可
＊プリエンファシス：プリエンファシスなし/10：50/15μプリエンファシス
＊チャンネル数：2チャンネルオーディオ信号/4チャンネルオーディオ信号、
＊再生元を示すカテゴリコード：2チャンネル一般フォーマット、デジタルミキサー、放送用、ファイル配信用等を規定。
＊標本化周波数・fs：32kHz/44.1kHz/48kHz、
　　オリジナルでは規定されていなかったが、88.2kHz/96kHz/176.4kHz/192kHzを追加

209

Features

- Complete EIAJ CP1201, IEC-60958, AES3, S/PDIF-Compatible Receiver
- +3.3 V Analog Supply (VA)
- +3.3 V Digital Supply (VD)
- +3.3 V or +5.0 V Digital Interface Supply (VL)
- 8:2 S/PDIF Input MUX
- AES/SPDIF Input Pins Selectable in Hardware Mode
- Three General Purpose Outputs (GPO) Allow Signal Routing
- Selectable Signal Routing to GPO Pins
- S/PDIF-to-TX Inputs Selectable in Hardware Mode
- Flexible 3-wire Serial Digital Output Port
- 32 kHz to 192 kHz Sample Frequency Range
- Low-Jitter Clock Recovery
- Pin and Microcontroller Read Access to Channel Status and User Data
- SPI™ or I²C® Control Port Software Mode and Stand-Alone Hardware Mode
- Differential Cable Receiver
- On-Chip Channel Status Data Buffer Memories
- Auto-Detection of Compressed Audio Input Streams
- Decodes CD Q Sub-Code
- OMCK System Clock Mode

See the General Description and Ordering Information on page 2.

図218 CS8416 データシートトップ（抜粋）

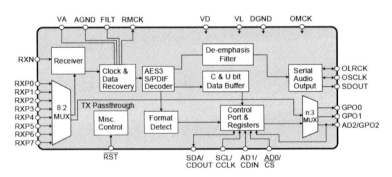

図219 CS8416 ブロックダイヤグラム

＊クロック精度：クロック精度レベルII±1,000ppm以内
　クロック精度レベルIII±12.5%以内
　クロック精度レベルI±50ppm以内
　フレームレートとサンプリング周波数は別々（高速伝送用か）
＊オーディオサンプルデータの最大数：20bit/24bit
　（32ビットは規定されていない。また、現フォーマット構成上32ビットデータの伝送は不可能である。）
＊著作権管理：無制限Copy可、条件付きでCopy可、1回だけCopy可、不許可

これらのチャンネルステータス情報は送信側で埋め込み、受信側で抽出するが、アプリケーションによって使用する情報は異なる。
　デジタルオーディオ・インターフェースではコンシューマ用とプロ用で伝送方式が異なる。図220に両者の伝送方式を示す。

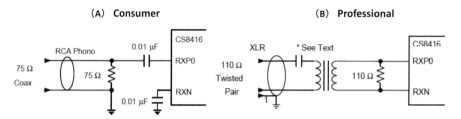

図220　デジタルインターフェース伝送方式

　ここでの伝送方式はCOAX（同軸）ケーブルでのものであるが、民生用のデジタルオーディオ機器では光（OPTICAL）伝送も良く用いられている。図221に光伝送用の送/受信モジュールの外観、光ファイバーケーブル/コネクタの例を示す。送/受信モジュールは東芝のほぼ独占製品で同社の製品名からTos Linkとも呼称されている。

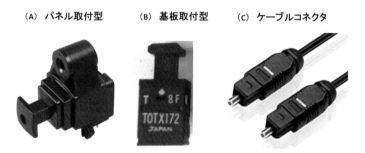

図221　光送/受信モジュールと光ケーブル/コネクタ

　光送/受信モジュールの最新型はハイレゾ最高フォーマットである$fs=192kHz$の伝送速度に対応しているが、以前のものは$fs=96kHz$までの伝送速度にしか対応していなかったので、デジタルオーディオ再生機器で、同軸入力では$fs=192kHz$対応、光入力では$fs=96kHz$対応というものも存在している。

● デジタル・アイソレーター
　デジタル・アイソレーターはハイレゾに限らず高級グレードのデジタルオーディオ再生

機器において用いられているデバイスである。必要不可欠なデバイスではないが、D/Aコンバーター ICを含むアナログ回路をノイズフリーで動作させ、音質面での向上に有効なデバイスであることから本項で簡単に解説する。図222にデジタル・アイソレーターの機能ブロック図を示す。

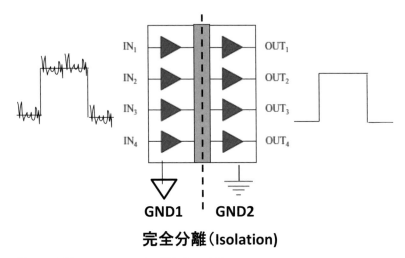

図222　デジタル・アイソレーター機能ブロック図

　入力側回路/コモン（GND1）と出力側回路/コモンは完全に分離されており、両GND間は1000V以上の電位差が許容される。これにより入力側のデジタル信号に含まれている各種のデジタルノイズは出力側に伝送されることなく、出力側ではノイズ成分が除去されたクリーンなデジタル信号が出力される。従って、D/AコンバーターICのデジタル入力部のデジタル・アイソレーターを用いればノイズフリー動作が可能になる。デジタル・アイソレーターの例としてNVE CorporationのIL715（IL716/IL717）のデータシートトップ抜粋を図223に示す。

8 ハイレゾを支える基幹デバイス

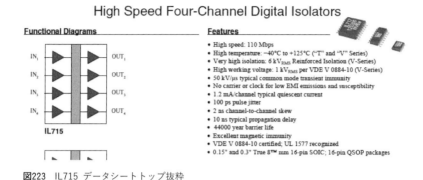

図223　IL715 データシートトップ抜粋

　デジタル・アイソレーターのデジタルオーディオ機器におけるアプリケーション例を図224に示す。

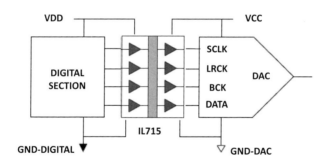

図224　IL715 アプリケーション例

　同図において、D/AコンバーターICのデジタル入力は、LRCK、BCK、DATAのPCM信号とシステムクロック（マスタークロック）・SCLKである。これらデジタル信号ソースはデジタル側から供給されるが、デジタル回路の規模にもよるが多種多彩のデジタルノイズを含んでいる。通常、デジタル回路GNDとDAC側GNDは共通接続されるので、このデジタルノイズはDAC側にもGNDコモンノイズとして伝送される。IL715を用いた場合、デジタル側GND（GND-DIGITAL）とDAC側GND（GND-DAC）は完全分離（絶縁）されているのでDAC側（アナログ出力回路を含む）にノイズが伝送されることはなく、DAC部はノイズフリー動作とすることができる。

213

デジタル・アイソレーターは実際に複数の再生機器で用いられているが、高性能D/A変換基板キット等でも用いられている。図225にデジタル・アイソレーターにNVEのIL715、D/AコンバーターにTIのPCM1792Aを使用したラトックシステムのオーディオキット、REX-K1792DAIの外観図を示す。

図225　REX-K1792DA1 外観図

●クロックモジュール

　デジタルオーディオ機器ではD/AコンバーターICを中心に動作用マスタークロック（システムクロック）が必要であることは前述で解説した通りである。このマスタークロックは水晶発振子と負荷コンデンサーによるディスクリートの発振回路で生成する場合と水晶発振をベースにしたクロックモジュールを用いる場合がある。本項ではデジタルオーディオ機器で標準的に用いられているクロックモジュールについて解説する。

　クロックモジュールはその機能と性能により次のように分類される。

＊SPXO：Simple Packaged Crystal Oscillator

　SPXOはクロックモジュールの代表的モデルで、単純に電源を印加することにより所定の発振周波数のクロックを出力する機能の製品である。発振周波数範囲も数10kHzオーダーから100MHzまで広範囲である。

＊プログラマブル：Programmable

　SPXOでは固定単一クロック出力であるが、ユーザーがクロック周波数を規定範囲で選択できる機能を有するものである。内部クリスタル発振の分周でのクロック選択と、PLL機能を組み合わせたものがあり、後者の場合、ジッター特性はPLL性能に依存する。

＊高精度、低ジッター：High Accuracy、Low Jitter

　発振周波数精度（誤差）初期値、安定性に対しての高性能タイプが高精度製品、特定通信分野用途向けに特に低ジッター特性を規定してタイプが低ジッター製品である。

＊VCXO：Voltage Controlled Crystal Oscillator

電圧制御型可変周波数クリスタル発振回路を用いた製品である。発振周波数の所定の初期値に対して、設定周波数可変範囲を規定の入力制御電圧で制御する機能を有する。通常はシステムのPLLループ内での動作となる。
＊TCXO：Temperature Compensated Crystal Oscillator
SPXOに温度補償機能を付加した製品である。温度補償が発振回路ループ内で実行される直接型と、発振回路の外部で温度補償を行う間接型が存在する。いずれの場合も温度補償のための温度センサー（サーミスター等）が組み合わされて温度補償が実行される。
＊OCXO：Oven Controlled Crystal Oscillator
OCXOはクリスタル発振子とクリスタル発振回路を比較的高温の恒温槽内に収納し、特に温度安定性を追及した製品である。温度補償の性能を向上させる目的で水晶振動子のカット方法はATカットからSCカット（Stress Compensation-Cut）が主流になりつつある。

一部ハイエンド機器ではOCXOも用いられているが、標準的にはSPXOタイプが用いられている。クロックモジュール（SPXO）の例として、SEIKO EPSONのクロックモジュール製品の外観図とスペックの抜粋を図227に示す。クロックモジュールの仕様で重要なのは発振周波数とその精度（周波数許容偏差）、ジッター特性である（図226の例では規定されていない）。

項目	記号	仕様		
出力周波数範囲	fo	1 MHz ～ 75 MHz		
電源電圧	Vcc	1.6 V ～ 3.6 V		
		1.8 V Typ. 1.6 V ～ 2.2 V	2.5 V Typ. 2.2 V ～ 2.7 V	3.3 V Typ. 2.7 V ～ 3.6 V
周波数許容偏差	f_tol	S: ±25 × 10^{-6} L: ±50 × 10^{-6} Y: ±50 × 10^{-6}, W: ±100 × 10^{-6}		
波形シンメトリ	SYM	45 % ～ 55 %		
出力電圧	VOH	Vcc-0.4V Min.		
	VOL	0.4V Max.		
立ち上がり/立ち下がり時間	tr / tf	4 ns Max.	3 ns Max.	
発振開始時間	t_str	3 ms Max.		
周波数経時変化	f_aging	±3 × 10^{-6} / year Max.		

図226　クロックモジュール外観とスペック抜粋

標準的なデジタルオーディオ機器では224.576MHz（fs＝48kHzの512fs、fs＝96kHzの256fs、fs＝192kHzの128fs）、16.9344MHz（fs＝44.1kHzの384fs、CDDAの再生デコーターは

384fs系での動作が多かった）等の発振周波数のものが用いられている。実際のオーディオ機器ではfs＝44.1kHz系統とfs＝48kHz系統の2系統のクロックが用意されている。また、周波数許容偏差スペックの±25ppm(S)、±50ppm(L)は実機器における再生信号周波数の誤差に関係するが、例えば、1000Hz信号の50ppmは0.05Hzになるが、この誤差を人間の聴感で検出することはできない。

図227に他のクロックモジュール製品のスペック規定抜粋（ジッターに関する部分を示す。ここではクロックジッターを1Σ（図215のStd Devと同じ）とピーク値が規定されているが、1Σジッターで5psce (Eバージョン)、4psec (Nバージョン) は非常に優れた値である。

項　　目	記号	条　件	Eバージョン（標準仕様） Min.	Eバージョン（標準仕様） Max.	Nバージョン（低位相ノイズ仕様） Min.(codeU)	Nバージョン（低位相ノイズ仕様） Max.(codeU)	単　位
1Sigma Jitter	JSigma	Wavecrest SIA-3000にて測定	—	5	—	4	ps
Peak to Peak Jitter	JPK-PK	Wavecrest SIA-3000にて測定	—	50	—	40	ps
Phase Jitter	JPhase	BW : 12kHz ～ 20MHz	—	1.0	—	0.5	ps

図227　クロックモジュール　ジッタースペック例

●SRC (Sample Rate Converter)

SRC機能はデジタルオーディオでは非常に便利な機能である。図228にSRCの基本概念を示すが、言葉通りサンプリングレート・fsの変換が基本機能である。

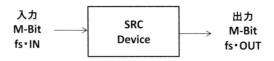

図228　SRCの基本機能

入力のサンプリングレート・fs・INに対して出力サンプリングレート・fs・OUTを高く変換するのをアップコンバージョン、逆に低く変換するのをダウンコンバージョンで定義している。ハイレゾ関係ではCDDA等のマスターからハイレゾフォーマットへのリマスタリング工程でも用いられる。例えば、

16ビット/fs＝44.1kHz　→　24ビット/fs＝96kHz
16ビット/fs＝44.1kHz　→　24ビット/fs＝192kHz

等の変換が可能である。この場合、サンプリングレート・fsとデータビット長は変換されてもデータに含まれる元情報（量子化ダイナミックレンジと信号帯域）は同じである。

図229にSRCデバイスの例としてTIのSRC4192 (4193) データシートトップ抜粋を示す。
　SRCデバイスの基本機能スペックはサンプリングレート変換の入出力比と最大対応サンプリングレートである。SRC4192では16：1（ダウンサンプリング、1：16（アップサンプ

8 ハイレゾを支える基幹デバイス

BB Burr-Brown Products from Texas Instruments

SRC4192[1]
SRC4193[1]

SBFS022A – JULY 2003

192kHz Stereo Asynchronous Sample Rate Converters

FEATURES
- AUTOMATIC SENSING OF THE INPUT-TO-OUTPUT SAMPLING RATIO
- WIDE INPUT-TO-OUTPUT SAMPLING RANGE: 16:1 to 1:16
- SUPPORTS INPUT & OUTPUT SAMPLING RATES UP TO 212kHz
- DYNAMIC RANGE: 144dB (-60dbFS input, BW = 20Hz to $f_s/2$, A-Weighted)
- THD+N: -140dB (0dbFS input, BW = 20Hz to $f_s/2$)
- ATTENUATES SAMPLING AND REFERENCE CLOCK JITTER
- HIGH PERFORMANCE, LINEAR PHASE DIGITAL FILTERING WITH BETTER THAN 140dB OF STOP BAND ATTENUATION
- POWER DOWN MODE
- OPERATES FROM A SINGLE +3.3 VOLT POWER SUPPLY
- SMALL 28-LEAD SSOP PACKAGE
- PIN COMPATIBLE WITH THE AD1896 (SRC4192 ONLY)[2]

APPLICATIONS
- DIGITAL MIXING CONSOLES
- DIGITAL AUDIO WORKSTATIONS
- AUDIO DISTRIBUTION SYSTEMS
- BROADCAST STUDIO EQUIPMENT
- HIGH-END A/V RECEIVERS
- GENERAL DIGITAL AUDIO PROCESSING

図229　SRC4192 データシートトップ抜粋

リング)、最大対応サンプリングレート・fs＝216kHzで規定されている。サンプリング変換の精度はデジタル演算でのアルゴリズムで決定され、SRC4192ではTHD＋N特性とダイナミックレンジ特性が規定されている。そのスペックはTHD＋N特性は－140dB、ダイナミックレンジ特性は144dBであり、デジタルドメインであるので実際のオーディオ特性への影響はほとんどないと言える。図230にSRC4192データシート掲載のFFT特性例を示す。このFFT例では、fs＝44.1kHzからfs＝96kHz、fs＝192kHzへのアップコンバージョンで、デジタルドメインのものである。

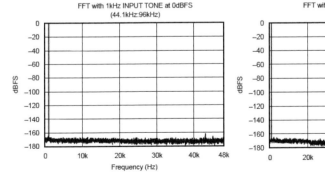
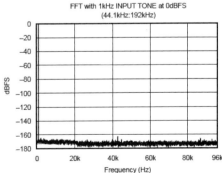

図230　SRC4192 FFT特性例

217

図231にSRC4192とピンコンパチブルであるアナログ・デバイセズのAD1896のブロックダイヤグラムを示すが、動作詳細については省略させていただく。

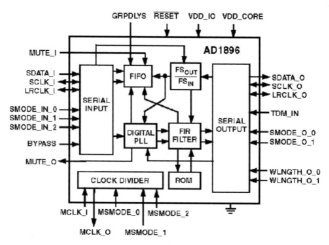

図231　AD1896 ブロックダイヤグラム

APPENDIX-6

　前項でデジタルオーディオ用基幹デバイスの幾つかを解説したが、図216に示したロームのオーディオSoCデバイス、BM94803AEKUをベースにしたハイレゾ対応のユニークな製品が存在する。本書の出版社である誠文堂新光社の総合オーディオ雑誌『MJ無線と実験』が企画/販売している、ハイレゾ再生デジタルオーディオプレーヤー基板MJ-DAP01である。
　図232に同基板を実際に使用している状態を示す。

図232　デジタルオーディオプレーヤー基板MJ-DAP01

　当ハイレゾ再生デジタルオーディオプレーヤー基板は電池駆動可能で、USBコネクターにハイレゾファイルを記録したUSBメモリーを接続するのみで、アナログはヘッドフォン出力、デジタルはS/PDIF出力またはI²S出力を実行するものである。何らの外部設定も必要としないため、極めて簡単にかつ安価(当基板の価格は3万円!)ハイレゾ再生を実現することができる。以下に簡単な特徴を掲げる。
・ハイレゾ再生SoC・ローム 94803SEKU搭載
・高性能DACデバイス・ESS ES9018K2m搭載
・音源接続：USBメモリー(Aタイプコネクター)
・対応デジタルオーディオ再生
　PCM：16〜24ビット、fs=44.1kHz〜192kHz
　DSD：1ビット、2.8MHz〜5.6MHz
・オーディオ出力：φ3.5ヘッドフォン端子(64Ω以上のヘッドフォン推奨)
・デジタル出力：S/PDIF(同軸タイプ/RCA端子)およびI²S (DATA、BCK、LRCKのI²SフォーマットPCMおよびDSD方式インターフェース)
・高性能ヘッドフォンアンプ内蔵

・超低ジッター・クロック発振器搭載
・電源：5.5V～7.2V（本体動作用、単3電池×5本）、3.6V～5V（ヘッドフォンアンプ動作用、単3電池×3本）
・基板サイズ：6mm×9.5mm

　本ハイレゾ再生デジタルオーディオプレーヤー基板は外観図の通り、基板状態であり、音量調整ボリュームもツマミの無い状態である。ユーザーはその目的にもよるが適当なケースを用意/加工して本基板を取り付けることになる。操作ボタンとボリュームが本基板のユーザーインターフェースで、再生ファイル等の表示はLCDで表示され、サンプリングレートはLED点灯で示される。PC/USBオーディオと異なり、PCの音楽ファイルをUSBインターフェースで再生する機能は無いので、再生ハイレゾ音源はUSBメモリーに記録したものに限定されることになる。PCに保存されているハイレゾ音源ファイルをUSBメモリーにコピーする手間はるが、冒頭述べた通り何らの設定の必要もなくハイレゾ再生を楽しめる機能はユーザーフレンドリーな製品（基板）である。

Conclusion

　本書ではハイレゾの実際について技術解説させていただいた。一般のオーディオファンには理解が難しい部分もあると思うが、技術解説として最低限必要な事項については避けることができないこともありご理解いただきたい。ハイレゾがデジタルオーディオの進化系であることから、オーディオ、デジタルオーディオの基本についても解説させていただいた。一部、筆者の著書『デジタルオーディオの基本と応用（2011年，誠文堂新光社刊）』と重複する部分もあるが、前述の理由によりご容赦いただければ幸いである。

　ハイレゾ再生は記録媒体の音楽ファイルとその再生機器で成立する。音楽ファイルは録音/マスタリングのハードウェアとソフトウェアの総合でその「品質（音質）」が決定されるのは理解いただいたと思うが、ハイレゾ音楽アルバム/ソフトが全てハイレゾとして名乗ることができない事実もある。ハイレゾアルバム/ソフトの購入時には当該アルバム/ソフトの録音、できる範囲の中でマスタリング（リマスタリングを含む）条件を確認することを推奨する。

　再生機器としてはハードウェアとして、384kHz/32ビット等の対応フォーマットよりもオーディオ特性スペックが重要であることも事実である。ハイレゾ再生機器のオーディオスペック、特にダイナミックレンジ特性は100dB以上、少なくとも108dB以上のスペック機器を選択することを推奨する。

　ハイレゾフォーマットとしては、いささか乱暴だが、筆者の経験と理論的検証から判断すれば、PCM・24ビット/fs＝96kHz、DSD・128（5.6MHz）の両フォーマットに対応できればハイレゾ再生機器としては十分であると言える。少なくともCDDA（16ビット/fs＝44.1kHz）とDSD・64（2.8MHz）におけるフォーマットに起因する理論的デメリット（PCMにおける帯域内信号過渡応答特性、量子化ノイズレベル特性、DSDにおける20kHzを超えた領域での急激な量子化ノイズの増加）は大幅に改善されている。ファイル形式については保存ハードの記録容量や価格との兼ね合いもあり、特定のものを推奨することはない。PCMとDSDの音質傾向の違いは確かに存在するが、どちらが優れているかについては、フォーマットとしての理論特性よりも個人の好みでの音質に対する趣向の方が大きいと言える。

　総合的なオーディオとしての観点では、ハイレゾ再生機器、アンプやスピーカーシステムとの組み合わせによる総合バランスが重要である。いくらハイレゾ音源でもアンプやスピーカーシステムが貧弱ではもともこもない。

　あとはきちんとした録音/マスタリングされた魅力あるアルバムがより多くなり（購入意欲の湧くアルバムが少ない。これは筆者の個人的好みにもよる）、より低価格で入手できることを切望する。ハイレゾに限らず国内の音楽アルバム価格は世界一高い。

索　引

［アルファベット順］

A-Weighted フィルター	28
AAC	10
A/D 変換	12, 180
Advanced Segment DAC	197
ASIO	141
ATRAC	10
BPZ	11
Blu-spec CD2	41
Blu-ray	46
PCM デジタルオーディオ	9
CDDA	9, 36
COAX	211
D/A 変換	10, 191
D/D コンバーター	158
DAT	10
Dolby Digital	44
DoP	141
DSD	9, 51
DTS	44
DVD	43
FIR フィルター	82
FLAC	49
HQ CD	39
I/V 変換	203
LSB	11
Mini Disc	10
MP3	10
MQA	112
MSB	211
OPTICAL	200
PC/USB オーディオ	135, 154
S/N	27
S/PDIF	208
SACD	9, 51
SCF	192
SFDR	13
SHM CD	40
SINAD	13
SRC	216
THD + N	24, 86
UHQ CD	39
USB DAC	135, 162
WASAPI	136
WAV	49
ΣΔ 変調器	13, 181, 192

［50音順］

アナログ電流 Segment	192
アンチエリアシング・フィルター	16
エリアシング	15
オーディオ測定器	31
オーディオプロセッサー LSI	208
オーディオ用 NAS	148
オーバーサンプリング	16
音楽ファイル	49
音楽レーベル	127
可逆圧縮方式	49
クロックモジュール	214
サンプリング定理	15
サンプリングレート	14
システムクロック	205
ジッター	205
シャープ・ロールオフ	83
周波数特性	20, 82
出力レベル	20
スペクトラム	15
スロー・ロールオフ	83
積分直線性誤差	13
ソフト制作	113
帯域外ノイズ	200

ダイナミックレンジ	14, 29, 80, 181, 189
チャンネルセパレーション	30
デジタルアイソレーター	211
デジタルフィルタリング	16
デジタル放送	48
ナイキスト定理	15
ネットワークオーディオ	134, 142
ノンリニア PCM	10
配信サイト	124
ハイレゾ	53
ハイレゾ管理/再生ソフト	150
ハイレゾ再生	134
標本周波数	13
標本化定理	15
非圧縮方式	49
非可逆圧縮方式	49
プリ／ポストエコー	82
ファイル形式	110
微分直線性誤差	13
変換精度	13
編集機器	100
方形波応答	82
マイクアンプ	69, 105
マイクロフォン	71, 98
マスタリング	61
ミキサー	59, 98
ミックスダウン	57
リニア PCM	10
リマスタリング	113
リンギング	83
量子化誤差	16
量子化ノイズ	89, 200
量子化分解能	14
量子化理論	16
レコーディング	57

製品資料、写真等参考/引用先（順不同）

旭化成エレクトロニクス株式会社　https://www.akm.com/akm/jp/
アナログ・デバイセズ　http://www.analog.com/jp/index.html
ESSテクノロジー　https://www.gec-tokyo.co.jp/manufacturers/ess-technology
日本テキサス・インスツルメンツ株式会社　http://www.tij.co.jp/
ローム株式会社　http://www.rohm.co.jp/web/japan/
株式会社コルグ　http://www.korg.com/jp/
ティアック株式会社　https://www.teac.co.jp/jp/
ラトックシステム株式会社　http://www.ratocsystems.com/home.html
シーラス・ロジック　https://www.jp.cirrus.com/
OPPO Digital Japan株式会社　https://www.oppodigital.jp/
ソニーマーケティング株式会社　https://www.sony.jp/
パイオニア株式会社　http://pioneer.jp/
オンキヨー株式会社　http://www.jp.onkyo.com/
デノン　https://www.denon.jp/jp
ヤマハ株式会社　https://jp.yamaha.com/products/audio_visual/index.html
パナソニック株式会社　https://www.panasonic.com/jp/home.html
iriver　http://www.iriver.jp/
マランツ　http://www.marantz.jp/jp/
TUBE-TECH　http://www.tube-tech.com/
Marging Technilogies　http://www.merging.com/
AMS Neve　https://ams-neve.com/
NVE　https://www.nve.com/
dCS　https://www.dcsltd.co.uk/
Solid State Logic　http://www.solidstatelogic.com/
Lavry Engineering　http://www.lavryengineering.com/
株式会社シンタックスジャパン　http://synthax.jp/
SADiE　http://www.sadie.com/
NOVATRON　http://www.cocktailaudio.com/
メルコシンクレッツ株式会社　https://www.dela-audio.com/
CHORD　https://chordelectronics.co.uk/
オーロラサウンド　http://www.aurorasound.jp/
オンキヨー株式会社　http://www.e-onkyo.com/music/
オトトイ株式会社　https://ototoy.jp/top/
株式会社レーベルゲート　http://mora.jp/
株式会社ポニーキャニオン　http://www.ponycanyon.co.jp/
株式会社ヤマハミュージックコミュニケーションズ
https://www.yamahamusic.co.jp/
株式会社ソニー・ミュージックエンタテインメント
http://www.sonymusic.co.jp/
株式会社ワーナーミュージック・ジャパン　https://wmg.jp/
ユニバーサル ミュージック合同会社　https://www.universal-music.co.jp/
HD Impression合同会社　http://www.hd-impression.net/
Roon labs　https://roonlabs.com/
港北ネットワークサービス株式会社　http://k-ns.jp/
一般社団法人日本オーディオ協会　https://www.jas-audio.or.jp/
株式会社音元出版　https://www.phileweb.com/
株式会社誠文堂新光社　http://www.seibundo-shinkosha.net/

本文デザイン　アートマン
カバー・表紙デザイン　ニルソンデザイン事務所（望月昭秀＋境田真奈美）

オーディオファンとサウンドクリエイターのために、CDを超えた
高音質デジタルオーディオの技術と再生のポイントを徹底解説
ハイレゾオーディオのすべて

2018年6月15日　発　行   NDC549

著　者　河合　一

発行者　小川　雄一

発行所　株式会社　誠文堂新光社
　　　　〒113-0033 東京都文京区本郷3-3-11
　　　　（編集）03-5800-3612
　　　　（販売）03-5800-5780
　　　　http://www.seibundo-shinkosha.net/

印刷所　広研印刷株式会社
製本所　和光堂株式会社

© 2018, Hajime Kawai
Printed in Japan
検印省略、本書掲載記事の無断転載転用を禁じます。
万一落丁、乱丁の場合はお取り替えいたします。

★本誌掲載記事の無断転載を禁じます
本誌のコピー、スキャン、デジタル化等の無断複製は、著作権法上での例外を除き、禁じられています。本書を代行
業者等の第三者に依頼してスキャンやデジタル化することは、たとえ個人や家庭内での利用であっても著作権法上認
められません。

JCOPY （社）出版者著作権管理機構 委託出版物
本書を無断で複製複写（コピー）することは、著作権法上での例外を除き、禁じられています。本書をコピーされる
場合は、そのつど事前に、（社）出版者著作権管理機構（電話 03-3513-6969 ／ FAX 03-3513-6979 ／ e-mail:info@
jcopy.or.jp）の許諾を得てください。

ISBN978-4-416-61889-9